教育部人文社会科学重点研究基地苏州大学中国特色城镇化研究中心
重大项目"苏南模式转型研究"
教育部人文社会科学重点研究基地苏州大学中国特色城镇化研究中心
创新团队项目"城乡一体化背景下的人口城镇化(苏南)研究"
江苏省高校"青蓝工程"中青年学术带头人基金项目

苏州生态文明建设:理论与实践

宋言奇 著

U0395662

苏州大学出版社

图书在版编目(CIP)数据

苏州生态文明建设:理论与实践/宋言奇著. —
苏州:苏州大学出版社,2015.11
ISBN 978-7-5672-1567-2

Ⅰ.①苏…　Ⅱ.①宋…　Ⅲ.①生态环境建设-研究-
苏州市　Ⅳ.①X321.253.3

中国版本图书馆 CIP 数据核字(2015)第 268073 号

书　　名	苏州生态文明建设:理论与实践
作　　者	宋言奇
责任编辑	周建国
装帧设计	吴　钰
出版发行	苏州大学出版社(Soochow University Press)
社　　址	苏州市十梓街 1 号　邮编:215006
印　　装	宜兴市盛世文化印刷有限公司
网　　址	www.sudapress.com
邮购热线	0512-67480030
销售热线	0512-65225020
开　　本	700mm×1000mm　1/16　印张:10　字数:175 千
版　　次	2015 年 11 月第 1 版
印　　次	2015 年 11 月第 1 次印刷
书　　号	ISBN 978-7-5672-1567-2
定　　价	35.00 元

凡购本社图书发现印装错误,请与本社联系调换。服务热线:0512-65225020

前 言
PREFACE

2007 年,党的十七大报告正式提出建设生态文明,标志着生态文明时代序幕的拉开。生态文明的提出,是对人类文明的总结与提升,是对新中国成立后尤其是改革开放后我国的环保实践的反思,标志着我国发展模式的转型,具有极为重要的战略意义。

党的十八大把生态文明建设放在突出地位,纳入中国特色社会主义事业"五位一体"总体格局,提出紧紧围绕建设美丽中国,深化生态文明体制改革,加快建设生态文明制度,推动形成人与自然和谐发展现代化建设新格局。

苏州是我国经济发展最有活力的城市之一。近些年来,苏州高度重视生态文明建设,取得了较大的成就。但是也必须看到,由于多种原因,苏州生态文明建设还面临着诸多不足与矛盾。为了更好地推动苏州生态文明建设,笔者尝试此专著。

本书共分十五章。第一至第五章属于理论部分,着重分析生态文明提出的背景、基础以及含义等。第一章人类文明的演替,分析人类从采集狩猎文明到工业文明的过程。第二章工业文明的悲剧,阐释工业社会对生态环境造成的伤害。第三章工业文明时代人类解决生态环境问题的探索,介绍工业文明时代人类探索解决生态环境问题的重点思想与重要事件。第四章新中国成立后我国环保历程以及解决生态环境问题的努力,介绍新中国生态环境问题的发展演变。第五章生态文明建设的内涵与理论体系,介绍生态文明建设的提出、内涵及意义等。

第六至第十五章属于实践部分,主要分析苏州生态文明建设的实践。第六章苏州生态文明建设的成就,分析苏州生态文明建设的成功经验。第七章苏州生态文明建设面临的问题与矛盾,分析苏州生态文明建设面临的主要问题以及深层次的矛盾。第八章苏州生态社区建设,分析苏州生态社区建设的状况,并提出一些设想。第九章苏州社区居民参与环境管理,分析苏州社区居民参与环境管理的成就与不足,提出解决对策。第十章苏州民间环保社会组织发展,分析苏州民间环保社会组织的几种模式,并提出不同的扶持策略。第十一章苏州产业生态化,分析苏州农业、工业以及第三产业如何实现生态化。第十二章苏州循环经济发展,分析苏州循环经济的现状并提出进一步促进苏州循环经济发展的对策。第十三章苏州居民环境意识,介绍苏州居民环境意识状况以及提出提升苏州居民环境意识的对策。第十四章苏州融入长三角生态文明一体化建设,主要分析苏州融入长三角生态文明建设的思路。第十五章苏州生态文明评价指标体系,分析苏州现有的生态文明城市评价指标体系以及进一步完善苏州生态文明评价指标体系内容的构想。

目 录
CONTENTS

第一章　人类文明的演替

作为一个物种,其存在的首要条件是处理与自然(生态环境)的关系,其自身的生存(发展)必须保持在自然阈值之内。人类是地球上最高级物种,在改造自然方面具有较大的能动性,但是也必须顺应自然,其生产与生活活动不能突破自然的阈值。

纵观人类发展史,从生存方式上看,人类迄今已经经历了采集狩猎文明、农业文明、工业文明三种文明形态。这些文明都是人类与自然互动的产物,且对人类社会发展都具有重要贡献,但同时在生态环境方面都留下了不少教训,甚至是惨痛的教训。生态文明就是在这三种文明的基础上产生的,缕析人类文明史的"足迹",对深刻理解生态文明,无疑具有重要意义。

第一节　人类文明演替的规律

人类演化史一共几百万年(精确的时间无从衡量,目前说法不一)。如果以人的生命维度衡量,人类文明的演替时间无疑很长;如果以宇宙天文时间衡量,人类文明的演替时间几乎可以忽略不计。

在几百万年的演变时间内,以生存方式看,人类文明可以分为采集狩猎文明、农业文明、工业文明三种文明形态。当然这三种文明形态存在的时间并不对等,几百万年的时间,大都是采集狩猎文明,农业文明的出现是不到1万年前的事情,而工业文明的出现则是最近几百年的事情。

瑞士著名哲学家艾赫尔别格在其名著《人与技术》中有一段精彩的论述,我们可以把它作为人类文明演变的基本脉络:

我们把人类的运动设想为60公里的马拉松赛跑,这个赛跑从某地开始，跑向我们某一个城市的中心作为终点。60 公里的大部分是沿着十分艰难的道路，要穿过小树林和真正的森林，对此我们是一点也不知道的，因为只是在最后，跑到 58 至 59 公里的地方，我们发现，除原始时代的工具外，还有作为最初文化特征的史前穴居时代的绘画，只是在最后 1 公里的地方，出现了越来越多的农业特征。离终点 200 米，铺着石板的道路穿过罗马堡垒。离终点 100 米，中世纪城市建筑围住我们赛跑运动员。离终点还有 50 米，那里站着一个人，他用智慧而敏锐的眼睛注视着这场赛跑——这就是列奥纳多·达·芬奇。剩下只有 10 米了，他们开始出现在火炬的光线和微弱的油灯光下。但是，在最后 5 米的一冲之下，发生了非常惊人的奇迹：光亮照耀着夜间的道路，没有役畜的板车疾驰而过，汽车轰鸣，摄影记者、电视记者的聚光灯使胜利的赛跑运动员头晕目眩。①

人类文明先后经历了采集狩猎文明、农业文明、工业文明形态，不是偶然的，而是有着一定的规律。文明是政治、经济、社会、文化的复合体，但是其存在的首要条件就是与自然（生态环境）相适应，人类的生产与生活活动控制在自然（生态环境）的阈值之内。人类文明与自然（生态环境）的关系有二：一是"源"，就是人们从自然界索取资源（物理资源与生物资源）；二是"汇"，就是人们索取资源后将废弃物返还给自然界。人类自身生产与生活活动控制在自然（生态环境）的阈值之内，就意味着从"源"的角度讲，从自然界索取资源不能透支，只能索取"利息"，不能索取"本金"；从"汇"的角度讲，人们索取资源后将废弃物返还给自然界，要在自然分解与消化能力范围之内，否则不仅影响自然（生态环境）的功能，也会给人类的健康带来危害。

人类先后经历了采集狩猎文明、农业文明、工业文明形态，就是"源"与"汇"作用使然。每一文明都经历了"选择—强化—危机—再选择"的规律，促使这一规律发生的机理在于"源"与"汇"（更多的是"源"），而其中的"导火索"是人口。人类选择了一种文明形态（生存方式），由于人口的增加，为了获得更多的"源"，人们要不断强化这一文明形态（生存方式），以养活更多的人口。但是强化文明形态往往导致人与自然之间失去平衡，爆发危机。当危机严重时，人类就要选择另外一种文明形态（生存方式）代替前一种文明形态（生存方式）。这个规律推动着人类文明类型的不断演替，直至今天。

---

① 王星，孙慧民，田克勤. 人类文化的空间组合[M]. 上海：上海人民出版社，1990.

第二节　从采集狩猎文明到农业文明

采集狩猎文明是人类最早的文明形态。其起始时间应当追溯到人类出现时，结束时间是距今几千年前农业文明出现。采集狩猎文明是人类演化史上存在最长时间的文明形态。

采集狩猎文明的最大特点是"靠天吃饭"。囿于技术水平的落后，人类尚无能力大规模地改造自然，因此顺应自然成为采集狩猎文明的主旋律。一般而言，男的从事打猎，女的则采集自然野果，没有过多地破坏自然生态。

以往人们在探讨采集狩猎文明时，往往认为在这一文明形态下，人们生活状态凄惨，也非常不安全。但是越来越多的考古成果纠正了这一偏见。马文·哈里斯的《文化的起源》以及斯塔夫里阿诺斯的《全球通史》对采集狩猎文明的生活状况做了较为系统的阐述，认为采集狩猎文明虽然技术水平落后，但是人类生存状态尚可，甚至比农业社会强很多。以下是证据所在。

——从身高看，采集狩猎文明时期的人与现代人的身高差不多，而农业文明时期的人偏矮。

——从寿命看，采集狩猎文明时期人的寿命也不比农业文明时期的人短。采集狩猎文明时期，虽然人们也容易患疾病，但是疾病比农业文明时期少。采集狩猎文明时期人们主要过着流动的生活，流动的生活不容易导致疾病的滋生。人类的很多疾病尤其是传染病是定居后的产物，很多传染病是定居后人畜共处所引起的，麻疹、天花、流行性感冒、白喉等都是如此。

——从营养上看，采集狩猎时期人的营养状况比农业文明时期好许多。采集狩猎时期人们饮食结构是肉类加水果，农业文明时期人们主要是粮食（碳水化合物，虽然养殖提供肉类，但相对而言粮食是主要食物），二者有着明显的区别。肉类加水果就是目前西方社会主要的饮食结构。营养的最好证明是落齿数，一些考古发现，从落齿数角度看，采集狩猎文明时期人类的营养状况的确比农业文明时期好许多。

——从居住上看，采集狩猎文明时期人们居住的是地穴，地穴内地面铺的是动物的毛皮，地穴壁上点的是动物的油脂取暖。后来西方中世纪的住宅对这种地穴一脉相承，用调侃的话来讲，中世纪时人们的住处就是把采集狩猎时期地穴由"地下"移到了"地上"。

——从工作强度上看，采集狩猎文明时期男人集体狩猎，往往不是直接与野兽搏斗，而是依靠群体力量将野兽赶至边缘地带（悬崖等），让野兽"跳崖自尽"，然后获得战利品。当时是"大兽时代"（大马、大野牛、大象、大骆驼、大羚羊），捕获猎物后人类可以享受好多天，因此工作强度不是很大。

——从闲暇时间看，采集狩猎文明时期人们的闲暇时间较多，平均每天工作 3 小时。相比之下，农业文明时期一个劳动力平均每天工作 11 小时，这显然要辛苦得多。采集狩猎文明时期人们的歌舞比较发达，就是一个较好的证明。

采集狩猎文明时代，人们其实早就知道种植农业，也从事过农业，但是并没有把农业当作主体。早在农业文明开始前的 1000 多年前，人类就掌握了农业技术，但是并没有把农业当作主业而像现代农业那样精耕细作。人们会随便往地里撒一些种子，也不刻意浇水、除草，等到了收获的时候，能收获多少是多少。

既然采集狩猎文明时代人们的生活要好于农业文明时代，那么为什么农业文明代替了采集狩猎文明呢？这是"选择—强化—危机—再选择"的规律发挥了作用，其根源在"源"，而人口是其中的变量。由于当时技术能力低下，人们只能选择顺应自然的采集狩猎生活方式，选择了这种方式，虽然人们的生存状况并不悲观，但是这种文明最大的弊端在于从自然界索取资源有限而且单位面积生产力低下，养活人口太少。一些研究表明，采集狩猎文明下，每平方公里陆地面积最多只能养活几个人。采集狩猎文明下，人类几乎没有"汇"的问题，由于开发自然强度极小，人类的废弃物都是"自然物"，而且都能被自然分解。

随着人口的逐渐增多，采集狩猎方式养活人口就变得捉襟见肘了。人们开始强化这种方式——即加强狩猎的强度以及采集的强度，试图从自然界索取更多的资源。但是在靠天吃饭的生活方式以及人们流动地域有限的背景下，试图增加更多的食物是非常困难的。人们也试图通过减少人口的方式来寻找出路，但是由于缺乏避孕技术，所以减少人口变得困难重重，人们往往把孩子生下来之后再处理。父母或者不小心"失手"将孩子跌落摔死。当然控制人口不仅针对新生儿，还针对老年人。在采集狩猎文明下，很多时候老年人口是"不受欢迎的"，一个人活到一定的年龄还不死，是件很"苦恼"的事情。在流动的生活方式中，群体往往采取"流动不了就自然淘汰"的策略来消灭老年人口。对于那些岁数很大而且还能流动得了的老年人，往往采取更"恶毒"的方法：给这个老年人提前举行葬礼。这个方法往往很灵，一般葬礼举行过后不久，这位老年人也就死了。

另外，当时还有一个不利条件，地球很多地方发生环境变迁，"大兽时代"结束了,大兽越来越少,人们获得食物的能量比越来越高。如果说在"大兽时代",人们捕捉食物的能量比是 1∶10 的话(人们付出 1 份能量,所获食物能够带来 10 份能量)。"大兽时代"结束后,人们不容易捕捉到大型猎物,只能捕捉到体积较小的猎物。尽管人们提高了技术水平,但事实是,技术越来越高,追杀野兽的效率却越来越低,其能量比骤升至 1∶2,甚至 1∶1。

　　人口压力加之环境的变迁使采集狩猎文明出现了危机,这种生存方式难以为继,人们面临着再选择,人们"重拾"久违了的农业,从采集狩猎文明走向农业文明。这一过程未必是一个"主动选择"的必然过程,很大程度上是"被迫无奈"的选择。

第三节　从农业文明到工业文明

　　农业文明是依靠种植粮食以及养殖家畜家禽解决生计的生活方式。与采集狩猎文明相比,农业文明虽然在个体营养方面稍逊一筹,但是就整体而言,农业文明是人类的一大进步。首先,人类实现了定居。定居对人类文明的发展产生了深远的影响,它深刻地影响了人类经济、社会、文化、军事等方方面面。可以说,农业文明以及后来的工业文明所取得的辉煌成就,都是与定居息息相关的。城市的出现及其对人类的伟大贡献也是由定居引发的。从这一维度而言,农业社会功不可没。其次,农业文明时期人类在"源"的问题上大大突破。农业文明时期,单位土地面积养活的人口较多,缓解了人地矛盾,使得人类文明得以不断延续。一些研究表明,农业文明每平方公里养活 40 人,是采集狩猎文明时代数倍甚至数十倍。

　　但是农业文明也回避不了人口问题。相比流动生活,定居生活更容易促进人口的增长。随着人类定居生活,人口增长速度很快。以下数据可见一斑:距今 100 万年前——距今 10 万年前,世界人口增长缓慢,从 1 万～2 万增长到 20 万～30 万,每千年增长幅度不超过 1%;距今 10 万年前——距今 1 万年前,世界人口增长也不快,从 20 万～30 万增长到 500 万,每千年增长幅度不超过 15%。进入农业文明,世界人口虽然起起伏伏,但相比采集狩猎文明而言,增长明显加速。从距今 1 万年前——距今 5000 年前(进入农业文明),世界人口从 500 万增长到 3000 万,每千年增长幅度超过 40%;距今 3000 年前,世界人口为 1 亿;距今 2500 年前,世界人口为 1.5 亿;距今 2000 年前,世界人口为 2.3 亿;距今 1000

年前,世界人口为 2.75 亿;距今 900 年前,世界人口为 3.06 亿;距今 800 年前, 世界人口为 3.48 亿;距今 700 年前,世界人口为 3.84 亿;距今 600 年前,世界人口为 3.73 亿;距今 500 年前,世界人口为 4.46 亿;距今 350 年前,世界人口为 5.45 亿。[①] 农业文明时期人口增长绝对值以及增长速度要远远超过采集狩猎文明时期。为了养活更多的人口,人类唯一的办法就是更进一步地拓展"源"——强化农业这种生活方式。强化的手段有两个,一是增加单位产量;二是扩大种植面积。这两种方法一直是农业文明缓解人口压力的主要途径。拓展"源"的做法开始时可以取得良好的效果,精耕细作确实导致产量提高。但从长远看,拓展"源"的做法难以为继。受光合作用等影响,作物增加单位产量到一定程度就会出现"瓶颈"。受自然条件影响,扩大种植面积也无法持续。而且持续强化的结果会产生"负"作用,即自然生态系统实施对人类的报复。在农业文明的某些阶段,人类曾经强化到"种田种到山顶,插秧插到湖心"的地步,在短期内确实缓解了一些人口的压力,但是从长远看,由于大量毁坏生态支持系统(森林、湖泊等),导致水土流失,这造成了可怕后果,导致生态环境恶化,反过来使得农业的发展失去基础,难以为继。农业文明下,人类"汇"的问题也不是十分严重,人类的废弃物一般也是"自然物",而且基本被自然分解。

农业文明拓展"源"的结果并不理想,并没有处理好短期效益与长期效益的关系,也没有解决好人口较快增长与农业所能提供的食物有限之间的矛盾,反而造成了危机,例如人类古代四大文明几乎为生态环境恶化摧毁殆尽。另外,由于强化农业引发环境问题,很多文明消亡甚至临近消亡,教训发人深思,以下是一些案例。

案例 1：玛雅人的悲剧。公元 250 年,玛雅文化、建筑、人口均达到鼎盛时期,这一文明很多成就带有传奇色彩,尤其是天文方面的成就令人匪夷所思,甚至被怀疑是外星人所为。但是就是这一神奇文明,却倒在人口的增长超过了土地的承载能力引发的生态环境恶化上。至公元 800 年,玛雅文明开始衰落,在不到 100 年的时间内,这块昔日繁华的土地几乎人烟绝迹。

案例 2：古巴比伦文明的消亡。幼发拉底河和底格里斯河(现伊拉克境内),是著名的巴比伦文明的发源地。公元前,这里曾经是林木葱郁、沃

---

① 吴忠观. 人口学［M］. 重庆:重庆大学出版社,1994.

野千里,富饶的自然环境孕育了辉煌的巴比伦文化——楔形文字、《汉穆拉比法典》、60进制计时法……巴比伦城是当时世界上最大的城市、西亚著名的商业中心,巴比伦国王为贵妃修建的"空中花园"被誉为世界七大奇迹之一。由于人们大面积砍伐森林,过度放牧,以及过度灌溉引发盐碱地,最终导致古巴比伦文明的消亡。

案例3:印度人不吃牛肉。伊斯兰人不吃猪肉,而印度人则不吃牛肉。印度人不吃牛肉不如伊斯兰人不吃猪肉那么严格,而是一种"集体自觉认同"。从考古学看,印度人也不是天生不吃牛肉,恰恰相反,印度人比其他民族更爱好吃牛肉,遗址中大量的牛骨头佐证了这一点。印度人不吃牛肉也是生态环境恶化的结果。印度所在的恒河流域与印度河流域曾经生态优美,成为四大文明发源地之一。随着农业社会的发展,人口越来越多,人类开始过度对自然索取,结果遭到自然的报复,生态环境逐渐恶化。在生态环境逐渐恶化的背景下,牛作为主要劳动力,文化价值凸显。用当地的话讲,"如果吃了牛,下一步就要吃人了"。正是基于这一原因,印度人不吃牛肉,牛在印度也有着较高的地位。其实,不仅在印度,在我国北方一些农村地区,也有着类似的现象。印度人不吃牛肉的习俗也反映了恒河流域与印度河流域农业社会的生态危机状况。

案例4:黄河流域的悲剧。黄河流域是我国古老文明的发祥地,4000多年前,这里森林茂盛、水草丰富、气候温和、土地肥沃。周代时,黄土高原森林覆盖率达到53%,良好的生态环境,为农业发展提供了优越的条件,孕育了中华文明。自秦汉开始,黄河流域的森林不断遭到大面积砍伐,使水土流失日益加剧,黄河泥沙含量不断增加。宋代时黄河泥沙含量就已达到50%,明代增加到60%,清代进一步达到70%,这就使黄河的河床日趋增高,有些河段竟高出地面很多,形成"悬河"。

案例5:复活岛悲剧。复活岛悲剧是人类文明史上一个未解之谜,因为该文明留下许多巨大的石像。在其文明的遗迹中,人们还发现一些尚未竖起的石像。关于复活岛的悲剧,有种种传说,但是都和生态环境恶化有着密切的关系。复活岛悲剧案例非常具有典型性,因为它在某种程度上警示了地球的命运:在一个相对封闭的生态系统中,如果开发强度超过了自然的阈值,将会引发难以恢复的毁灭性的崩溃。复活岛是一个尺度不大的封闭生态系统,其实地球在太空中也是如此,二者非常相似。有人推测复活岛悲剧发生的机理是这样的:在人类历史上人口大迁移过程中,有一群人到了这个岛上，这个岛上森林茂密，生态环境优美，适合人居，于是他们就居住了下来。定居下来之后，人口开始增长，群体也开始分化成为几个部分，彼此间开始对抗与战争。为了震慑对方，各个部分开始修筑石像，显示威武。按当时的科技水平，把石头运到修石像地，需要大量砍树做枕木以便于运输。砍树的后果是生态环境恶化，粮食减少。当然到后来已经无树可砍，石像当然也就修不成了。粮食的减少从"物质层面"打击岛上的人群，而修不成石像则从"心理层面"打击了岛上的人群。在"物质层面"以及"心理层面"的双重打击下，群体走向了崩溃。后来遗留了小规模的居民，但曾经的辉煌一去不复返。

在生态环境保护方面，农业文明还面临着一大困境：定居的生活方式导致局部地方人类生产与生活活动超过了生态阈值，引发问题。尤其在城市中表现得更为明显。农业文明时期人们实现了定居，随着技术的进步，聚居区人口规模越来越大，城市随之诞生。城市的诞生是人类文明史上的重大事件，对文明举足轻重，著名城市学家美国学者刘易斯·芒福德甚至认为所有人类历史就是一部城市史。但是在生态保护方面，城市却是有缺陷的。城市把大量人口集中在相对狭小的区域内，改变了很多自然特性，由此引发了诸多问题，如垃圾问题等。不过从普遍意义上讲，农业文明的城市规模不大（一般人口规模在一万人左右），城乡分割得也不是很明显，因此总体上生态环境破坏不是很严重。但是到了工业文明时期，由定居引发的生态负面效应愈演愈烈。

农业文明难以走出危机，人类文明面临重新选择。工业文明代替了农业文明，人类面临着前所未有的变革。

第二章　工业文明的悲剧

工业文明代替农业文明，是人类文明最大的一次变革，创造了无与伦比的财富，推动了人类文明高速发展。但工业文明对人类社会带来的并不全是"福音"，其对生态环境的负面影响是巨大的。

第一节　工业文明的机理

当农业文明难以承受更多的人口时，"源"的危机不断加剧时，工业文明出现了，替代了农业文明。工业文明是以工业革命为"序幕"的，自此人类开启了大规模机械化生产模式，开发自然的强度之大是人类社会前所未有的。在工业端，工业革命推动了机械化大生产，导致分工日益精细，需要大批劳动力，于是大批农村劳动力被吸纳到城市（也就是城市化进程）。在农业端，尽管农村劳动力减少，但工业机械化生产弥补了劳动力的作用，反倒使生产效率大大提高。更重要的是，工业文明的农业是"石油农业"，农业生产与石油息息相关。播种机、收割机等都是使用石油的器械，农业的杀虫剂、农药、化肥等都是石油的"副产品"。石油农业大大提高了农业的效率，使得农业产量比农业文明时期提高了数倍，大大地拓展了"源"，从而可以养活更多的人口。尤其是化肥的使用，对农业就是一场革命。化肥是农业持续发展的物质保证，是粮食增产的基础。世界农业发展的历史实践证明，不论是发达国家还是发展中国家，施肥（尤其是化肥）都是最快、最有效、最重要的增产措施。仅以 1961—2001 年为例，由于化肥发挥了作用，世界粮食总产从 8177 亿吨增加到 21106 亿吨。农业专家认为世界粮食产量的一半贡献在于化肥。

工业文明是人类社会的一次突破，其成就巨大。首先，创造的财富众多。马克思高度评价："生产力仿佛忽然从地下冒出来了，一夜之间，世界已经完全不同了,资产阶级在它的不到一百年的阶级统治中所创造的生产力比过去一切时代创造的全部生产力还要多。"①其次,发展迅速。长期的农业文明,人类在生产力方面进步甚微,保持着较强的稳定性。但是工业革命后,人类的发展几乎到了日新月异的程度。

但是工业文明对生态环境的负面影响也是巨大的。与采集狩猎文明时期以及农业文明时期不同的是,工业文明时期人类面临的不仅是"源"的问题,更重要的是"汇"的问题。首先是"源"的问题,工业的机理是从自然界索取原料,生产出人类需要的产品。由于开发自然强度大,带来能源问题与资源问题,即能源与资源耗尽,补给不上。其次是"汇"的问题,人类开发自然资源并生产产品后,向大气、水体排出污染物,污染生态环境。而且与采集狩猎文明以及农业文明产生的废弃物不同的是,工业污染物是复杂的"合成物",很多难以分解而且对人体有害,给生态系统造成影响,给人的健康带来伤害。当然"源"与"汇"二者是相辅相成的。由于"源"的力度太大,导致"汇"的问题严重。尤其是工业革命开始后的一段时间,由于技术落后以及管理欠缺,"汇"的问题更为严重,甚至可以用"触目惊心"来形容。工业文明对生态环境的破坏反映在三个层面:一是工业污染层面,二是农业污染层面,三是城市污染层面。

第二节　工业文明的工业污染

工业污染是困扰工业文明的主要问题,"杀伤力"极大,相关案例不胜枚举。仅以八大"公害事件"为例就可以发现工业污染的严重程度。

其一,马斯河谷事件。1930 年 12 月 1 日—5 日,比利时马斯河谷的气温发生逆转,工厂排出的有害气体和煤烟粉尘,在近地大气层中积聚。3 天后,开始有人发病,一周内,60 多人死亡,还有许多家畜死亡。这次事件主要是由于几种有害气体和煤烟粉尘污染的综合作用所致,当时的大气中二氧化硫浓度高达 25 ~ 100 毫克/立方米。

其二,多诺拉事件。1948 年 10 月 26 日—31 日,在美国宾夕法尼亚州的多诺拉小镇上,大部分地区持续有雾,致使全镇 43% 的人口(5911 人)相继发病,其中 17 人死亡。这次事件是由二氧化硫与金属元素、金属化合物相互作用

---

① 马克思恩格斯选集(第 1 卷)[M].北京:人民出版社,1995.

所致,当时大气中二氧化硫浓度极高,并发现有尘粒。

其三,伦敦烟雾事件。1952 年 12 月 5 日—8 日,素有"雾都"之称的英国伦敦,突然有许多人患起呼吸系统病,并有 4000 多人相继死亡。此后两个月内,又有 8000 多人死亡。这起事件的原因是,当时大气中尘粒浓度是平时的 10 倍,二氧化硫浓度是平时的 6 倍。这次烟雾事件只是伦敦发生的多起空气污染事件中较为严重的一起,之前相似的事件已经发生多次。伦敦烟雾事件是工业革命"煤能源"导致污染的典型事件。英国是世界上第一个开展工业革命的国家,同时对煤有着偏爱。另外伦敦盆地地形(污染两边排不出去,遇到阴天逆温层上下空气不流动,就容易使污染倒灌)也是诱发事件的一个重要因素。

其四,洛杉矶光化学烟雾事件。1936 年石油在美国洛杉矶被开采出来之后,刺激了当地汽车业的发展。至 20 世纪 40 年代初期,洛杉矶市已有 250 万辆汽车,每天消耗约 1600 万升汽油,成为"骑在轮子上的城市"。汽车尾气中的碳氢化合物与氮氧化物在强光的照耀下,发生二次反应,形成了浅蓝色的光化学烟雾,又称"洛杉矶烟雾"。这座本来风景优美、气候温和的滨海城市,成为"美国的雾城"。这种烟雾刺激人的眼、喉、鼻,引发眼病、喉头炎和头痛等症状,致使当地死亡率增高,同时,又使远在百里之外的柑橘减产,松树枯萎。洛杉矶光化学烟雾是工业社会的重大事件,当出现这种烟雾后,当地政府曾从工厂排污方面找原因,结果一无所获。最终发现问题出现在汽车上,而汽车与人们的生活方式息息相关。这就证实了一个事实:工业社会的污染,不仅与人类的生产活动有关,同时与生活方式有关。在工业社会污染中,人人都是"受害者",人人又都是"施害者",这使得污染机理更为复杂。"洛杉矶烟雾"不仅发生在美国,随着汽车时代的到来,全球很多城市都出现了"洛杉矶烟雾"。

其五,水俣事件。日本一家生产氮肥的工厂从 1908 年起在日本九州南部水俣市建厂,该厂生产流程中产生的甲基汞化合物直接排入水俣湾。从 1950 年开始,先是发现"自杀猫",后是有人生怪病,因医生无法确诊而称之为"水俣病"。经过多年的调查人们才发现,此病是由于食用水俣湾的鱼而引起。大量甲基汞化合物排入水俣湾,在鱼的体内形成高浓度的积累,由于生物链的"富集效应",猫和人食用了这种被污染的鱼类就会中毒生病。

其六,富山事件。20 世纪 50 年代,日本三井金属矿业公司在富山平原的神通川上游开设炼锌厂,该厂排入神通川的废水中含有金属镉,这种含镉的水又被用来灌溉农田,使稻米含镉。许多人因食用含镉的大米和饮用含镉的水而中毒,全身疼痛,故称"骨痛症"。据统计,1963 年至 1968 年,共确诊患者 258 人,死亡人数达 128 人。

其七，四日事件。20 世纪 50、60 年代，日本东部沿海四日市建立了多家石油化工厂，这些工厂排出的含二氧化硫、金属粉尘的废气，使许多居民因患上哮喘等呼吸系统疾病而死亡。1967 年，有些患者不堪忍受痛苦而自杀，到 1970 年，患者已达 500 多人。

其八，米糠油事件。1968 年，日本九州爱知县一带在生产米糠油的过程中，由于生产失误，米糠油中混入了多氯酸苯，致使 1400 多人食用后中毒，4 个月后，中毒者猛增到 5000 余人，并有 16 人死亡。与此同时，用生产米糠油的副产品黑油做家禽饲料，又使数十万只鸡死亡。

八大"公害事件"只是工业文明污染的"冰山一角"，事实上工业文明污染所造成的危害远非八大"公害事件"所能概括的。

第三节 工业文明的农业污染

工业文明对生态环境的破坏主要体现在工业领域，但对农业生态环境的破坏也是相当严重的。

首先，化肥的广泛使用导致诸多问题。化肥虽然能够提高农业产量，但是长期使用，对土壤有着极大的"负"作用，容易使土壤酸化而板结，导致土壤肥力下降。从全球范围来看，大量耕地受到化肥影响导致肥力下降。在全世界不同程度退化的 12 亿公顷耕地中，约 12% 是由过度使用化肥引起的。另外，过多施用的肥料量超过土壤的保持能力时，就会流入周围的水中，造成水体污染。美国环保局 2003 年的调查结果显示，化肥引发的农业水源污染是美国河流和湖泊污染的第一大污染源，导致约 40% 的河流和湖泊水体水质不合格，是造成地下水污染和湿地退化的主要因素。在欧洲国家，化肥引发的农业面源污染同样是造成水体、特别是地下水硝酸盐污染的首要来源，也是造成地表水中磷富集的最主要原因，由农业面源排放的磷为地表水污染总负荷的 24%～71%。[①]

其次，由于过度开发导致荒漠化。联合国环境规划署曾三次系统评估了全球荒漠化状况。从 1991 年年底为联合国环境与发展大会所准备报告的评估结果来看，全球荒漠化面积已从 1984 年的 34.75 亿公顷增加到 1991 年的 35.92

---

① 黄东风,等.农业面源污染及发展探究[J].中国农村小康科技,2006 年(11).

亿公顷,约占全球陆地面积的 1/4,已影响到了全世界 1/6 的人口(约 9 亿)、100 多个国家和地区。据估计,在全球 35 亿公顷受到荒漠化影响的土地中,水浇地有 2700 万公顷,旱地有 1.73 亿公顷,牧场有 30.71 亿公顷。从荒漠化的扩展速度来看,全球每年有 600 万公顷的土地变为荒漠,其中 320 万公顷是牧场,250 万公顷是旱地,12.5 万公顷是水浇地。另外还有 2100 万公顷土地因退化而不能生长谷物。

表 2-1 世界荒漠化状况

	面积(万平方公里)	占干地的比例(%)
退化的灌溉农地	43	0.8
荒废的依赖降雨农地	216	4.1
荒废的放牧地(土地和植被退化)	757	14.6
退化的放牧地(植被退还地)	2576	50.0
退化的干地	3592	69.5
尚未退化的干地	1580	30.0
除去极干旱沙漠的干地总面积	5172	100

资料来源:不破敬一郎. 地球环境手册[M]. 全浩,等,译. 北京:中国环境科学出版社,1995.

第四节 工业文明的城市污染

城市本身就是一种特殊的生态系统,生产者少、消费者多、缺乏分解者,不利于生态环境保护与人们的身体健康。农业社会的城市由于尺度小以及城乡之间并非完全对立,城市的生态负面效应相对较小。工业革命后,工业化拉动城市化,城市迅速扩张,人们的认识水平以及规划水平尚未跟上,结果引发了诸多问题。尤其在工业革命初期表现得特别明显,在资本主义经济利益影响下,人们迅速涌入城市,而城市缺乏科学的规划,没有考虑到地形、地质、风向、水文等生态要素,整个城市发展处于一种随意的状态。资本主义大工业的生产方式和铁路的修建,完全改变了原有城市的格局。工业在城市内部或郊区建立起来,工业区外围就是简陋的工人住宅区,形成了工业区与住宅区相间和混杂的局面。火车的出现,是工业革命的一件大事,各个城市纷纷在城市中心或者市郊建立火车站。城市扩展后，城郊的火车站又被包围在城市之中，加剧了城市布局的混乱。人口也像资本一样迅速集中。"……村子扩大为城镇，城镇扩大为大都市。城镇的数目成倍增长，50万人以上的城市也在增加。建筑物及其覆盖地区的面积，日益扩大，规模空前，大量的建筑物几乎在一夜之间拔地而起。人们匆匆忙忙地盖起房子来，而在重新拆旧建新时，几乎忙得没有时间稍停下来总结他们的教训，而且对他们所犯的错误也满不在乎。新来的人，孩子或移民，等不及新的住处。他们迫不及待地挤在任何能栖身的地方。在城市建设上，这是一个'凑合将就'的时期，大批大批供临时凑合使用的建筑物，匆忙建起。"①人口激增，加之缺乏科学合理的规划，造成城市出现大量的生态问题。

整个工业革命初期，城市给人们的健康造成的影响甚至是触目惊心的，当时以及后来世界上不少学者都对此给予揭露与抨击。英国的克莱夫·庞廷在其名著《绿色世界史：环境与伟大文明的衰落》中描述道："毫无疑问，如果生活在20世纪的人被运到一个世纪以前的某座城市中，他一定惊骇并被淹没在当地的气味中。这种气味来自成堆的腐烂垃圾、人畜的粪便夹杂着一池池的尿坑，它们常常堆满了街道，或者有时渗入当地的小溪或河流而在那里腐烂。"②美国的刘易斯·芒福德把工业革命初期的城市叫作"焦炭城"。"夜幕笼罩了整个煤城：它的主要颜色是黑色。黑色的烟从工厂的烟囱和铁路车场中滚滚喷出。铁路干脆直接插入城镇里来，与这个有机体混合在一起，并把烟灰和煤渣扩散到各处。煤气照明灯的发明加剧了这种扩散。……巨大的煤气储存大罐在城市的风景线上巍然竖起，这个巨大的构筑物，有一座大教堂那么大。"③西方当时的各个城市，或多或少都烙上了"焦炭城"的痕迹（见图2-1）。这种煤炭城有一个共性："城市中缺乏足够的日照与新鲜空气这些日常生活中必不可少的基本东西，而落后的村庄却有这些东西。……不管是曼彻斯特，还是伯明翰，只是人堆放机器的大杂院，而不是推动人类社团去谋求更好的生活。"④在这种情况下生活在城市中的人们，其健康状况所受的影响无疑是巨大的。

---

① 刘易斯·芒福德.城市发展史——起源、演变和前景[M].宋峻岭，倪文彦，译.北京：中国建筑工业出版社，1989.

② 克莱夫·庞廷.绿色世界史：环境与伟大文明的衰弱[M].王毅，等，译.上海：上海人民出版社，2002.

③ 刘易斯·芒福德.城市发展史——起源、演变和前景.[M].宋峻岭，倪文彦，译.北京：中国建筑工业出版社，1989.

④ 刘易斯·芒福德.城市发展史——起源、演变和前景[M].宋峻岭，倪文彦，译.北京：中国建筑工业出版社，1989.

图2-1 煤炭城

工业文明给人类带来巨大财富的同时,也带来了大量的生态环境问题,给人们的健康带来较大危害。痛定思痛,人们不断反思工业革命发展的弊端,并开始有针对性地采取措施。比如提高技术水平,减少污染排放;通过合理规划,减少污染对人们健康的影响;探索使用有机肥,减少化肥的污染;加大城市环境的治理力度,减少污染。通过种种举措,在很多发达国家,城乡生态环境状况均有所好转。

但从人类的整体情况来看,结果仍不容乐观。全球目前工业污染与土壤污染仍旧很严重,城市生态环境问题也仍旧严重。20世纪80年代中期,全球大约有13亿人生活在城市大气质量达不到卫生组织规定标准的环境之中。一些发展中国家的城市,大气污染情况十分严重。目前世界上最大的城市墨西哥城,被250万辆机动车以及13万个工厂排出的废气所笼罩,人们呼吸这里的空气相当于每天吸两包香烟。

在发达国家生态环境日益好转的同时,发展中国家的生态环境成为全球环境保护的焦点所在。解决工业文明带来的生态环境问题,非常迫切。

第三章　工业文明时代人类解决生态环境问题的探索

面对工业文明带来的生态环境问题，人们积极探索加以应对。这些探索与应对包括很多方面，本章介绍其中的重要思想与重要事件。

第一节　马尔萨斯与哈丁的人口思想

英国人马尔萨斯是工业革命后最具影响力的人口学家，他于1798年出版了《人口论》，对人口问题进行了深刻的分析。

马尔萨斯的人口学思想集中体现在三个"两"上：首先，两个需求。就是人类有性的需求以及有食物的需求。其次，两个增长。性的需求导致人口增长，食物需求导致粮食增长，但是二者并不能同步，人口呈指数增长，而粮食增长却比较缓慢，由此引发矛盾。再次，两种抑制。一是靠自然抑制人口增长，比如饥饿、疾病、饥荒等遏制人口增长；二是道德抑制，那些无力抚养孩子的人晚婚晚育或者不婚不育。

另外，马尔萨斯核心思想是人口必须与自然承载力相耦合，为此他提出了"马尔萨斯人口调节器"。"马尔萨斯人口调节器"是一个负反馈机制的调节，假设人口有一个设定点，当人口超过这个设定点后，就会出现人口过剩，引起贫困与罪恶，而通过战争与饥荒等调节，人口又回到设定点；假设人口不到设定点，就会出现良好的局面，人们拥有良好的健康与舒适的生活，就会多生人口，这样人口就会重新到达设定点。依次类推，循环往复。

在工业文明社会中，马尔萨斯的观点并非主流。当时资本主义国家正在进行工业革命。工业革命分工越来越细，需要大量劳动力，同时生产的产品要进行销售，也需要大量人口支撑，因此在资本主义国家，人口并不是主要问题。后来的社会主义国家也不认同他的思想,因为在社会主义国家看来,社会的症结在于是否公平而不在于人口是否过剩。

当然马尔萨斯的思想还是有一定市场的,因为其在一定程度上满足了资产阶级需要。西方工业革命以来,生产力巨大释放,创造了无与伦比的财富,但是很多人的生活状况非但没有得到改善反而恶化,社会上弥漫着不满情绪。在这种情况下,马尔萨斯的人口学思想在某种程度上替资产阶级进行了辩解:因为很多人是"多余的"人口,因此这些人受穷是必然的。

马尔萨斯很多思想饱受争议,例如穷人应当晚婚晚育、不应对穷人进行救济等,因此马尔萨斯一度被称为"反动的人口学者"。但是综合而论,其对人口形势的判断以及人口必须与承载力相耦合等思想,无疑是正确的,而且对后世影响极大。

美国人加勒特·哈丁是世界著名学者,美国加利福尼亚大学圣巴巴拉分校的人类生态学荣誉退休教授。他一生撰写了大量的著作,如《生活在极限之内:生态学、经济学和人口禁忌》《追寻原始禁忌》《人口、进化和节育》等。哈丁在人口学、经济学以及生态学甚至天文学等学科上有着极高的造诣,是融汇多个学科于一体的"集大成者"。1968 年,他提出了"公共地悲剧"学说,至今成为研究人口学与环境科学的经典范式和分析框架。在人口学领域,哈丁教授有着独到的思想,与马尔萨斯有着一脉相承性。他的思想对当今世界人口发展的理论与实践,有着极为深远的意义。

其一,维护马尔萨斯学说。针对很多学者关于马尔萨斯是反人类的言论,哈丁进行了辩解:马尔萨斯不是人口的敌人,而是贫困与罪恶的敌人,是造成不幸的人口与食物之间不相宜的比例的敌人,因为人口控制只是消灭贫困与罪恶的手段而已。哈丁解释说,马尔萨斯在《人口原理》第 3 版中本身就做了"自己不是人民敌人"的声明,只是那些学者没有注意或持有偏见而已。哈丁认为马尔萨斯不是没有人道与缺乏同情心,因为在人口问题上,如果人类不能通过自身努力与约束来实现人口控制,"自然选择"将完成这个过程,而"自然选择"包括饥荒、致命的群体性疾病、国际性战争以及住房短缺等,那些将是更为残酷的手段。因此,哈丁认为学界对马尔萨斯的批判是一种误解。

其二,批判"技术乌托邦"。哈丁运用大量的天文学知识与物理学知识,驳斥了人类太空移民解决人口问题的幻想以及利用核聚变解决能源问题的幻想。

其三,揭示人口问题的实质。哈丁把人口问题归纳为"公共地悲剧"的 cc—pp 游戏,即公共化的成本(commonized cost)—私有化的利润(privatized profits)

游戏。"人口公共地悲剧"的机理在于：养育孩子的成本被公共化了，而收益——作为父母的心理收益——却属于父母。尤其在福利国家，这一趋势表现得尤其明显。孩子的养育由公众承担，使"人口公共地悲剧"愈演愈烈。

其四，批判当今人口福利政策、救济与慈善政策以及移民政策。哈丁认为福利政策加剧了 cc—pp 游戏，加重了社会负担，鼓励了人口多生。哈丁认为救济与慈善政策是不对的，尤其救济也是一项不可靠的政策，实际上也起到了鼓励人口多生的作用。"最多，它（救济政策）增加了接受国在遭受下一次气候灾难时对食物的需求。"[①]哈丁认为移民政策也是不应该的，因为它模糊了人口危机。他认为环境问题必须是全球尺度的，而人口问题只能是国家尺度。

其五，提出生态学第三定律：$I = PAT$。I 是群体对环境的影响，P 是群体的人口规模，A 是以消费测定的人均富裕程度，T 是每单位消费品中所使用技术的损害程度。

其六，提出解决人口问题的建议。针对人口问题，哈丁提出了一些解决的建议。由于人口问题的复杂性，哈丁对解决人口问题持十分谨慎的态度。他认为，人类社会的问题在于可靠的自然法则与反复无常的人类本性之间的相互作用，因此，任何展望与预测都是无效的。尽管如此，他还是为解决人口问题提出了一些建议。哈丁的建议包括促进妇女解放运动。哈丁认为人口问题的一个重要症结在于："从远古时代，通过强迫或欺骗，生育孩子的妇女就被迫生育远远超出其本心期望的孩子数。"[②]因此，通过妇女解放运动，提高妇女自主意识，无疑可以解决人口问题。哈丁的建议还包括教育手段，即通过教育让人们理解一些关键问题，这或许是解决人口问题的一个有效办法。这方面他的一些观点是：人口呈指数增长；我们的世界是有限的；从来不存在永动机；规模经济不是规律；承载能力是依据人口数量乘以物质生活质量来加以测量的；种群数量零增长是每一个群体的规范；每一个复值函数受限于物理学家称为"熵"的性质的衰退与损耗；等等。哈丁的建议也包括一些现实经济政策，例如将对孩子的补贴由家庭转向学校，寻求奖励那些生育孩子数少于平均数目的父母的手段等，这些政策有助于克服"人口公共地悲剧"。

---

① Hardin. G. The Tragedy of the Commmons[J]. Science,1968(162).

② 加勒特·哈丁.生活在极限之内：生态学、经济学和人口禁忌[M].戴星翼,张真,译.上海：上海译文出版社,2001.

第二节　莱奥波尔德的"大地伦理"

工业社会对生态环境破坏严重,与人们的生态伦理是息息相关的。工业社会的主要生态伦理是"强人类中心伦理",认为人类在本体这个层次上处于地球的中心,地球上的万事万物都围绕着人类这个中心而展开,人类与地球万事万物的关系是中心与从属、主宰与被主宰的关系。自然是没有伦理资格的,即便自然参与伦理评判,充其量也只是一个中介(比如甲杀了乙的狗,甲对狗没有伦理责任,只是因为杀了乙的狗,触犯了乙的利益,因此对乙负有伦理责任)。

美国学者莱奥波尔德提出"大地伦理"(生态系统伦理),打破了"人类中心伦理",他从整体主义和非人类中心论的角度来考虑问题,判断事情对错的标准就是它是否有利于生命共同体(生态系统)的完整、稳定和美丽。他认为,地球是一个拥有某种程度的生命的有机体,这是我们尊重地球、不毁坏地球的道德理由。所以,大地伦理学的任务就是要扩展道德共同体的界限,使之包括土壤、水、植物和动物,或者由它们组成的整体——大地,并把人的角色从大地共同体的征服者改变成其平等的一员和公民[1]。"大地伦理"暗含对生态系统每个成员的尊敬,也包括对这个共同体本身的尊敬。

"大地伦理"的提出是一场革命,它打破传统的一切以人类利益为中心的思维方式,对辩证处理人与自然的关系,有着极为重要的意义。

第三节　霍华德的"田园城市"

工业文明对生态环境的破坏,更多地体现在城市上。工业革命后一段时间,城市无序发展,造成很多生态环境问题,给人们健康造成严重威胁。尤其随着城市化进程的加快,人类饱受城市环境拥挤、卫生条件差、远离自然等方面的困扰,城市面临生态环境困境。如何从这个困境中走出来?英国人霍华德给出了答案,他于1898年提出"田园城市":一个城市与乡村联姻的城市,一个兼有

---

① 曹明德.从人类中心主义到生态中心主义伦理观的转变——兼论道德共同体范围的扩展[J].中国人民大学学报,2002(3).

城市优点和农村优点的城市。

霍华德认为，城市发展到一定规模就必须停止增长，其进一步的人口就需要由新的城市来承载。[①]"田园城市"是一个58000人的主城周边围绕着6个32000人的子城，每一个城市人口达到规模后，就另辟新城发展。子城与母城之间以及子城与子城之间均有铁路相通，彼此几分钟之内就可以到达。

"田园城市"子城的结构是：每一个田园城市的总用地是6000英亩，其中城市用地1000英亩，乡村用地5000英亩。每一个田园城市呈同心圆形，有6条各宽36米的主干道路从中心向外辐射，将城市分为6等分。

城市的中心是一个圆形的中心花园，四周设立市政厅、音乐厅、剧场、图书馆、博物馆、画廊与医院等，外面环绕着一圈占地58公顷的公园。公园之外又环绕着一圈水晶宫，用作展览、商店以及冬季花园之用。在城市直径线外1/3处设一条环形的林荫大道，并形成补充性的城市公园。在林荫大道的两侧均为居住用地，居住用地中布置学校与教堂。城区的最外端有各种工厂、仓库与市场，再向外是农业用地，包括耕地、牧场、果园以及森林等。

值得注意的是，"田园城市"还渗透着土地公有的社会理想。为了确保土地价格的稳定，防止土地投机，进而出现居住空间分化与密度增加，霍华德认为，所有土地归发展公司所有，该发展公司负责向那些愿意建房的人出租与出售土地，土地价值增加，该公司自然增长土地价格，增加的收入一般用于公共福利设施和提供服务。[②] 这在当时资本主义土地私有制以及土地投机严重的情况下，无疑是一个巨大的进步。

在"田园城市"提出的年代，世界上城市的人口规模已经达到可观的程度，像伦敦等城市已经达到百万规模。"田园城市"提出的规模，远远不能适应城市化加速发展的需要。霍华德提出了"田园城市"的理念以后，同时在实践层面也进行了尝试。1906年，在伦敦附近，第一座"田园城市"莱曲沃斯成立，但10年之后，其人口尚不足10000人，说明了理想与现实之间存在差距。但"田园城市"的提出具有重大意义：一是"田园城市"开拓了卫星城的思路，为此后大城市空间拓展提供了出路。"田园城市"概念的提出与实践，为缓解大城市空间拥挤与人口压力做出了极大贡献。二是莱曲沃斯的死亡率当时几乎是世界最低水平，说明"田园城市"具有生态优势。三是"田园城市"的光辉点主要在其理念

---

① 埃比尼泽·霍华德.明日的田园城市[M].金经元，译.北京:商务印书馆,2000.
② 埃比尼泽·霍华德.明日的田园城市[M].金经元，译.北京:商务印书馆,2000.

方面，"城市和乡村联姻"这一城市理念，成为其后城市发展与规划追求的目标。

　　"田园城市"的构想是人类城市规划史上具有里程碑意义的一页，甚至在整个人类发展史上都占据着一定的地位。刘易斯·芒福德高度评价这一城市模型："20世纪初，我们的眼前出现了两项最伟大的发明，一项是飞机，它给人类装上翅膀；另一项就是田园城市，它为飞回地面的人们提供一个更好的住所。"①

第四节　卡森夫人的《寂静的春天》

　　1962年，美国学者蕾切尔·卡森出版了《寂静的春天》一书，描述由于杀虫剂的广泛使用，给我们的生态环境所造成的巨大的、难以逆转的危害，导致出现了一个没有鸟叫的春天。她写道："从前，在美国中部有一个城镇，这里的一切生物看来与其周围环境生活得很和谐。……即使在冬天，道路两旁也是美丽的，那儿有无数的小鸟飞来，洁净而又清凉的小溪从山中流出，形成了绿荫掩映的生活着鳟鱼的池塘。"然而现在："鸟儿都到哪儿去了？许多人谈论着它们，感到迷惑和不安。园后鸟儿寻食的地方冷落了，在一些地方仅能见到的几只鸟儿也气息奄奄，它们战栗得很厉害，飞不起来。这是一个没有声息的春天。这儿的清晨曾经荡漾着乌鸦、鹟鸟、鸽子、鹪鹩的合唱以及其他鸟鸣的音浪；而现在一切声音都没有了，只有一片寂静覆盖着田野、树木和沼地。"②有机氯农药不仅危及了许多生物的生存，而且正在危害人类自己。这本书被誉为西方现代环保运动的"开山之作"，其重要意义在于唤醒了公众的环保意识。

第五节　罗马俱乐部的《增长的极限》

　　罗马俱乐部是人口与环境研究的一个学派，对人类的未来预测比较悲观。这个俱乐部于1972年出版了著名的报告《增长的极限》，针对西方广泛流行的无限增长观念，明确提出了地球有限论及其结果：如果人类一味追求经济增长，

---

　　①　刘易斯·芒福德.城市发展史——起源、演变和前景[M].宋峻岭，倪文彦，译.北京：中国建筑工业出版社，1989.

　　②　蕾切尔·卡森.寂静的春天[M].吕瑞兰，李长生，译.上海：上海译文出版社，2014.

最终必将因触碰到极限而招致人类衰退甚至灭亡。虽然论述有些偏激，但对人类的人口与环境发展有很重要的警示意义。

《增长的极限》认为人类社会有5大系统：人口系统、工业系统、粮食系统、资源系统、环境系统。5个系统增长是不同步的，人口系统、工业系统是呈指数增长的，而其他3个系统则不是呈指数增长，长此以往，之间发生脱节，导致系统崩溃。如果人类对于资源的消耗一直按照当前的趋势继续下去，很多资源在不久的未来将会耗尽，人口与工业生产力两方面都会发生相当突然的和不可控制的衰退。

《增长的极限》提出一些人类走出困境的对策：一是想象。人类需要发挥一些想象力，建立一种新型社会，这种新型社会不同于以前的只注重高速增长的社会。缺乏想象力，我们只会陷于平庸与循规蹈矩。"一个可持续的世界，如果不能被充分想象到，是永远不能实现的。"①二是网络。走出困境需要全社会乃至全球的共同努力，人与人之间建立起一种互动网络在其中非常重要。网络能够促进人们合作，而这对于节约资源和保护环境意义重大。"如果你对可持续革命的一部分感兴趣，你可以找到或组织一个网络跟他人一起分享。好的网络不仅帮助你学习，而且还能把你学的东西传播给其他人。"②三是学习。资源与环境问题的复杂性需要我们不断学习。"学习意味着我们不断探索，发现新问题解决新问题，承认自己所犯的错误，然后不断改进。"③四是爱。爱是人类走出困境的前提条件。我们需要树立高度的整体责任乃至全球伦理，不仅爱惜自己的环境，而且爱惜别人的环境。不但有国家意识，还要有地球意识。爱实际上是一种全球合作精神，"缺乏全球合作精神，人道主义也不可能把人类生态足迹降到可持续水平的征途上取得胜利。如果人们不学会把自己和其他人都视为这个一体化的国际社会的一个组成部分，崩溃就无法避免"④。五是说真话。人们不能自欺欺人。"谎言会扭曲信息流。如果信息流被扭曲，一个系统就不能正常运转。系统理论最重要的原则之一，就是信息流不应该被扭曲、延迟或者隐瞒。"⑤

如果说卡森《寂静的春天》点燃了公众的环保意识的话，罗马俱乐部《增长

---

① 德内拉·梅多斯.增长的极限[M].李涛，王智勇，等，译.北京：机械工业出版社，2006.
② 德内拉·梅多斯.增长的极限[M].李涛，王智勇，等，译.北京：机械工业出版社，2006.
③ 德内拉·梅多斯.增长的极限[M].李涛，王智勇，等，译.北京：机械工业出版社，2006.
④ 德内拉·梅多斯.增长的极限[M].李涛，王智勇，等，译.北京：机械工业出版社，2006.
⑤ 德内拉·梅多斯.增长的极限[M].李涛，王智勇，等，译.北京：机械工业出版社，2006.

的极限》则是唤醒了政府的环保意识。罗马俱乐部成员多是经济学家、生态学家、前首相与政府官员,有着极强的国际影响力。20世纪70年代后一些国际环保会议的召开,与罗马俱乐部的推动有着密切的关系。《增长的极限》虽然过于悲观(事实上后来全球的发展并没有像《增长的极限》预测的那么悲观,作者在著作再版时调整了一些思维),但是出版恰逢其时。20世纪70年代初,非洲出现了大饥荒,全球也出现了石油危机,因此《增长的极限》深受欢迎,再版了多次,甚至一些高校把其作为教科书。

第六节　"斯德哥尔摩会议"的召开

1972年6月5日,"联合国人类环境会议"在瑞典首都斯德哥尔摩召开。共有113个国家和一些国际机构的1300多名代表参加了会议。我国也派出了庞大的代表团出席了会议。出席会议的代表广泛研讨并总结了有关保护人类环境的理论和现实问题,制定了对策和措施,提出了"只有一个地球"的口号,这是联合国史上首次研讨保护人类环境的会议,也是国际社会就环境问题召开的第一次世界性会议,标志着全人类对生态环境问题的觉醒,是世界环境保护史上第一个里程碑。这次会议对推动世界各国保护和改善人类环境发挥了重要作用和影响。为了纪念这次大会的召开,当年联合国大会做出决议,把6月5日定为"世界环境日"。

斯德哥尔摩会议的主要成果集中在两个文件中,一是受联合国人类环境会议秘书长委托,大会提供的一份非正式报告《只有一个地球》;二是大会通过的《人类环境宣言》。

第七节　"里约热内卢会议"的召开

从1972年联合国召开了人类环境会议以来,人类为保护"唯一的地球"进行了不懈的努力,并取得了一定成效。但是斯德哥尔摩会议后20年的事实却告诉我们,人类还没有完全懂得"只有一个地球"的真正含义,保护行动过于缓慢,乃至赶不上生态环境不断恶化的速度,全球的生态环境恶化仍然有增无减。1984年英国科学家发现、1985年美国科学家证实在南极上空出现"臭氧空洞",

这一发现引发新一轮研讨世界生态环境问题的高潮。这一轮生态环境问题的核心，是与人类生存休戚相关的"全球变暖""臭氧层破坏""酸雨沉降"三大全球性生态环境问题。为此各国决定在1992年再召开一次国际环境会议。

1992年6月3日至14日，联合国环境与发展大会在巴西里约热内卢举行。183个国家的代表团和联合国及其下属机构等70个国际组织的代表出席了会议，102位国家元首或政府首脑亲自与会。我国也派出了由李鹏总理率团的代表团出席。这次会议是1972年联合国人类环境会议之后举行的一次讨论世界环境与发展问题的最高级别的国际会议，这次会议不仅筹备时间最长，而且规模也最大，堪称是人类环境与发展史上影响深远的一次盛会。

里约热内卢会议通过了《里约环境与发展宣言》和《21世纪议程》两个纲领性文件以及《关于森林问题的原则声明》，签署了《气候变化框架公约》和《生物多样性公约》。

这次会议上，有2000个国际民间环保社会组织以各种途径进行游说，并召开了一个"影子会议"。会议达成的一系列的协议，都与民间环保社会组织的努力有关。

第四章　新中国的环保历程以及解决生态环境问题的努力

我国是一个发展中国家,新中国成立后至改革开放前,我国生态环境保护的历程比较曲折。改革开放后,我国经济发展进入了正轨,取得了举世瞩目的成就。但是在取得喜人成就的同时,我国的生态环境状况不容乐观,一些地区甚至到了恶化的程度。

第一节　新中国的环保历程

新中国成立后,我国的生态环境保护大致可以分为以下四个阶段:

1. 1949—1958 年:朴素的环境意识阶段

新中国成立以后,我国开始了工业化进程,当时我国已有朴素的环境意识,比较重视环保,1956 年出台了《工业企业设计暂行卫生标准》。

2. 1958—1972 年:生态环境恶化阶段

在这期间,我国经济运行出现动荡,环保事业也不理想,比如大炼钢铁、工业乱布局、矿产乱采对生态环境破坏很大。1961 年我国颁布了《森林保护条例》以及《矿产资源保护条例》。1966 年后,为战略需要(防止苏联核打击),我国开始分散工业布局,工业"靠山"与"进洞",扩大了污染范围,同时不利于规模效益。在这期间,我国在农业方面也有所冒进,一度出现"种田种到山顶,插秧插到湖心"现象,局部破坏了生态环境。1972 年,尽管我国当时正处在"文革"中,经济发展停滞,但仍然出现渤海赤潮、北京官厅水库鱼污染等恶性生态环境事件。1972 年,斯德哥尔摩人类环境会议召开,我国正处于"左倾社会主义"思潮当中,当时的观点是"宁要社会主义的草,不要资本主义的苗","社会主义没有污染","说社会主义有污染是对社会主义的污蔑",我国不准备派代表参加。周恩来总理首先看到了环境污染的严重性，他强调"不能将生态环境问题看成是小事"，"不要认为不要紧"，"不要再等了"。在周恩来总理的指示下，我国派代表参加，增长了见识。但是当时我国社会经济发展处于不正常阶段，因此环保事业尚未从根本上得到重视。

3. 1972—1978 年：生态环境继续恶化阶段

受斯德哥尔摩人类环境会议影响，1973 年我国召开全国第一次环境会议，颁布了《保护环境的若干规定》，1974 成立国务院环境领导小组（环保部前身）。但当时受社会经济不正常状况的影响，我国生态环境继续恶化。

4. 1978 年至今：生态恢复但发展中仍带来严重的生态环境问题阶段

1979 年，我国恢复了正常的经济秩序与社会秩序，逐渐走上生态恢复的道路。1983 年第二次全国环境保护会议，把保护环境确立为基本国策。1984 年 5 月，国务院做出《关于环境保护工作的决定》，生态环境保护开始被纳入国民经济和社会发展计划。1989 年国务院召开第三次全国环境保护会议，提出要积极推行环境保护目标责任制、城市环境综合整治定量考核制、排放污染物许可证制、污染集中控制、限期治理、环境影响评价制度、"三同时"制度、排污收费制度 8 项环境管理制度。1992 年巴西里约热内卢大会，李鹏总理亲自出席，承诺我国实施可持续发展战略，党中央、国务院发布《中国关于环境与发展问题的十大对策》，把实施可持续发展确立为国家战略。1994 年 3 月，我国政府率先制定实施《中国 21 世纪议程》，将生态环境保护一步一步推向正规。从 2002 年到 2012 年，党中央、国务院提出树立和落实科学发展观、构建社会主义和谐社会、建设资源节约型环境友好型社会、让江河湖泊休养生息、推进环境保护历史性转变、环境保护是重大民生问题、探索环境保护新路等新思想新举措。2002 年、2006 年和 2011 年，国务院先后召开第五次全国环保大会、第六次全国环保大会、第七次全国环保大会，做出一系列新的重大决策部署，把主要污染物减排作为经济社会发展的约束性指标，完善环境法制和经济政策，强化重点流域区域污染防治，提高环境执法监管能力，积极开展国际环境交流与合作。

同时，以 1979 年颁布试行、1989 年正式实施的《环境保护法》为代表的我国环境法规体系初步建立，为开展环境治理奠定了法制基础。20 世纪 80、90 年代，我国的环境立法发展十分迅速，特别是 90 年代，全国人大环境与资源保护委员会的成立，加快了资源环境立法的进度。在生态环境保护方面，我国相继出台了《土地管理法》《矿产资源管理法》《水法》《煤炭法》《水土保持法》等；在防灾减灾方面，制定了《防震减灾法》《防洪法》《气象法》等；在污染防治方面，我国先后制定了《大气污染防治法》《水污染防治法》《环境噪声污染防治法》《固体废物污染环境防治法》等。2002 年我国第一部循环经济立法——《清洁生产促进法》出台，标志着我国环境污染治理模式由"末端治理"开始向"全过程控制"转变。

在组织建设方面，1982 年，我国正式成立城乡建设环境保护部，其下设环保局，作为生态环境保护管理机构。1988 年我国设立国家环境保护局，成为国务院直属机构，地方政府也陆续成立生态环境保护机构。2008 年我国成立环保部，一直至今。

1978 年开始我国环保事业开始进入正轨，只是相对新中国成立后而言。实际上，1979 年后，随着我国经济高速发展，我国生态环境保护事业面临严峻挑战。"GDP 导向"一度使我们只注重经济发展，忽略生态环境保护。生态环境问题一直是我国社会经济的焦点所在，也是我们这些年一直存在的"痛"。

第二节　改革开放后我国的农村生态环境问题

改革开放以后，我国农村生态环境状况不容乐观，究其原因受以下三个因素影响。一是城市对农村的污染转嫁。长期以来，我国城乡之间处于不对等状态，农村处于绝对弱势，城市把大量污染输入到农村，使农村深受其害。二是农村工业的发展。新中国成立后，为了应对严峻的国际形势，我国实施重工业优先战略。发展重工业缺乏的不是劳动力，而是资金，这与我国国情恰恰相反。为了解决这一难题，我国实施了比较严厉的户籍制度，阻止农村人进城。同时利用工农业"剪刀差"剥削农业。农民不甘心受剥削，况且我国很多地方人多地少，农业也承受不了过多农村人口，于是在一些地方（比如苏南地区），农民开始搞乡镇工业。开始时乡镇工业还处于"地下状态"，改革开放后便如火如荼地发展壮大。以乡镇工业发展较好的江苏为例，就可略见一斑。在 20 世纪 80 年代末，江苏乡镇企业工业（主要在苏南地区）总产值就达到 1113.84 亿元，突破千亿元大关。至 1995 年，江苏全省乡镇企业总数为 106.81 万个，占全省大中型企业的 1/3 以上，农村工业产值占到全省全部工业产值的 61.71%。这个时期是乡镇工业的鼎盛时期，财政税收、出口创汇以及国民生产总值，曾经"三分天下有其一"。乡镇工业在搞活农村经济的同时，也带来生态环境问题。由于缺乏科学的规划，导致"村村点火、户户冒烟"的情形遍布各地，其造成的分散型污染很难治理。三是农村农业的不当发展。受追求增产与短期利益影响，我国农业中存在着过度使用化肥和农药，以及过度透支土地等问题，引发生态破坏问题。以下数字与案例充分证明了我国农村环境问题的严峻性。

——我国许多城市的污染物直接向农村倾倒，给农村生态环境带来极大破坏。例如全国 80% 以上的城市污水未经任何处理就直接排入水体，已造成 1/3 以上河段受到污染，引起农业灌溉用水的恶化；全国 90% 的城市垃圾在郊外或者农村填埋或堆放，不仅占用了许多宝贵的土地资源，又污染了周围的水质、土壤和大气。①

——在我国，9000 多万农村人口的饮用水被污染，3 亿人饮水不安全；我国农村有 1.5 亿亩耕地受到污染，1/4 的农田存在着严重的水土流失状况；每年 1.2 亿吨的农村生活垃圾露天堆放，农业生产以及畜禽养殖导致的面源污染日趋严重。②

——根据第一次全国污染源普查结果统计的数字（2010 年），农业源污染物排放中，化学需氧量排放量为 1324.09 万吨，占全国化学需氧量排放总量的 43.7%。农业源总氮排放量为 270.46 万吨，占全国总氮排放量的 57.2%。农业源总磷排放量为 28.47 万吨，占全国总氮排放量的 67.4%。农业源污染物排放已占全国一半左右。③

——根据国家环保部的调查，全国农村年产生活污水 90 多亿吨、生活垃圾 2.8 亿吨，其中大部分未经处理随意排放；全国猪、牛、鸡三大类畜禽粪便总排放量达 27 亿多吨。④

——根据国家农业部的调查，全国共有约 140 万公顷的污水灌溉区，其中遭受重金属污染的土地面积占污水灌溉区面积的 64.8%，这其中轻度污染的占 46.7%，中度污染的占 9.7%，严重污染的占 8.4%。⑤

——我国化肥平均用量 400 公斤/公顷，某些地区甚至高达 600 公斤/公顷。我国化肥平均用量是世界公认警戒上限 225 公斤/公顷的 1.8 倍以上，更是欧美平均用量的 4 倍以上。农药利用率仅 35%，比发达国家低 10～20 个百

① 张金鑫,彭克明.关于农村环境问题的思考[J].特区经济,2006(5).
② 潘锋.建设新农村勿忘环境保护[N].科学时报,2006 – 03 – 10(3).
③ 孙韶华.农业源污染物威胁水环境——第一次全国污染源普查公报发布[N].经济参考报,2010 – 02 – 10(2).
④ 农村污染亟待整治[N].新华日报,2011 – 05 – 30(3).
⑤ 周启星.中国污染土壤修复标准仍是空白[C]//全国重金属污染治理研讨会论文集,2010 年.

分点。①

——因污染致病的农村人口逐年呈上升趋势。一些农村的环境污染到了令人触目惊心的程度,出现了很多公害事件,部分农村甚至成了"癌症村"以及"女儿村"。目前个别地区竟然出现了"癌症村群"。

——农村生态环境的状况的恶化,也引发了诸多环境群体性事件。环境群体性事件的爆发成为继征地、拆迁矛盾之后,又一影响我国社会稳定的新因素,成为我国社会经济发展中的一个焦点问题。尤其是 2004 年以来,因生态环境保护问题而引发的大规模群体事件在我国很多地区发生,甚至在部分地区集中爆发。其中几起大的事件如 2005 年发生于浙江省东阳市与新昌县两起农民暴力抗议环境污染的事件等,造成的社会影响十分负面。

第三节　改革开放后我国的城市生态环境问题

改革开放以后,我国城市生态环境问题也十分严重,主要表现在以下几方面。

1. 大气污染

大气污染一直是我国城市的主要污染。随着工业活动的增强、城市建设的推进以及人们生活水平的提高,我国城市大气污染日益严重,机动车、工业生产、燃煤、扬尘等是当前我国大部分城市空气中颗粒物的主要污染来源,约占 85% 至 90% 。

改革开放后,我国城市建设强度加大,高楼大厦林立,加剧了大气污染效应。郊区工业区带有污染物的风一部分从城市旁边绕过,另一部分从城市中的"豁口"(如道路)进入城市,由于城市中楼房林立,这部分风很难绕出去,因而活动范围缩小,使局部污染加重。同时,"热岛效应"的存在,使城市形成低压中心,并出现上升气流。郊区近地面空气从四面八方向城市中心汇集,使周围工厂排放的污染物质汇聚至城市中心,从而加重污染。再者,城市的地面比较粗糙,也会降低风速,从而减缓污染物的扩散。

2013 年起,雾霾成为我国很多城市中新型污染物,我国中东部大部分省份都出现了不同程度的雾霾,泛滥成灾。北京、河北、山西、山东、河南等地甚至出

---

① 我国化肥用量超世界公认警戒上限[EB/OL]. 光明网, http://tech. gmw. cn/2015 – 01 – 08/content_14440093. htm.

现重度雾霾。由于雾霾粒径小，可吸附有毒有害化学物及细菌病毒等微生物，并能随呼吸进入人体呼吸道，刺激人的鼻黏膜、支气管黏膜等敏感部位，或者被直接吸入肺部，引发包括哮喘、支气管炎和心血管病等方面的疾病。雾霾的另一个危害在于它是病原微生物（如 SARS、H1N1、军团菌等）的重要传播载体，会为疾病传播推波助澜。

2014 年国家环保部指出，目前我国大气污染形势依然严峻，主要体现在以下几个方面：一是三大重点区域仍是空气污染相对较重区域。京津冀区域 13 个地级以上城市中，有 11 个城市排在污染最重的前 20 位，其中有 8 个城市排在前 10 位，区域内 PM2.5 年均浓度平均超标 1.6 倍以上。二是复合型污染特征突出。传统的煤烟型污染、汽车尾气污染与二次污染相互叠加，部分城市不仅雾霾和可吸入颗粒物超标，臭氧污染也日益凸显。三是重污染天气尚未得到有效遏制。2014 年全国共发生两次（2 月和 10 月）持续时间长、污染程度重的大范围重污染天气情况，重污染天气频发的势头没有得到根本改善。

2. 水污染

在我国一些城市中，水污染也成为重要问题。我国城市湖泊、河流整个水体系"坏死"的事情时有发生。我国还多次发生城市水污染事件，导致城市供水中断。导致水污染的原因有多方面：我国对水源地和供水系统的保护不力；部分地方政府对企业排污睁一只眼，闭一只眼；人们往水系中乱扔乱排；一些城市供水管线穿过化工区，隔离防护不到位；等等。

3. 噪声污染

随着城市规模的日益扩大以及生产、生活强度的加大，噪声污染日益成为城市中重要的污染问题。我国城市环境中噪声的来源主要包括交通噪声、工地噪声、社会噪声（人在日常生活中发出的声音）等。

噪声污染对人们的健康带来伤害。噪声在 30 分贝左右，人们的休息还不至于受到影响；噪声在 50 分贝以上，人们就很难入睡；人长期在 70～90 分贝的噪声下生活，会引发脑血栓、心脏病等疾病；噪声达到 90～120 分贝，人就会出现暂时性耳聋。长期暴露在噪声之下还会引发心理疾病，如神经衰弱以及精神病等。世界卫生组织和欧盟合作研究中心曾发布报告指出，噪声污染会升高血压、增加压力荷尔蒙的血液浓度，即使处于睡眠状态也会受到影响。如果长期暴露在噪声污染中，这些症状就会不断积累，导致高血压和心脏病。噪声污染产生的另一个广泛的负面作用是可能让人产生愤怒、失望、不满、无助、抑郁、焦虑、分心、疲惫等负面心理。

尤其值得注意的是交通噪声与广场舞噪声。目前交通噪声占我国城市噪音的75%,而且对人们日常生活造成很大影响,甚至严重影响了人们的健康。广场舞噪声已经成为我国许多城市的"公害",引发了诸多的社会纠纷。

4. 光污染

西方一些发达国家在治理光污染问题方面已经走过了一段弯路,高楼大厦的玻璃屏幕加剧了城市的热岛效应,"不夜城"影响了人们的神经系统与睡眠。在付出了沉重代价之后,西方国家开始加以改变,美国甚至成立了"国际黑暗夜空协会",专门与光污染做斗争。作为一个后发国家,我国城市的光污染问题日趋严重。20世纪80年代以来,建筑物装饰热在我国骤然兴起,许多商厦、办公楼都纷纷安装了玻璃幕墙。在太阳的照耀下,具有强烈的聚光与反光效果,不但提高周围的温度,还伤害人们的视力,甚至灼伤人的皮肤。夜间,城市华灯齐放,闹市地段亮如白昼,不但不节能,也非常刺眼。目前在我国城市中,光污染是继废气、废水和噪声等污染之后的一种新的环境污染源,正在威胁着人们的健康。

5. 垃圾问题

城市的一大弊端在于人口集中,由此导致垃圾处理困难。这个问题一直困扰着人类社会。近些年来,发达国家加强垃圾源头分类,大力回收资源,减少垃圾焚烧与填埋总量,一定程度上减缓了垃圾问题的负面影响。目前在我国,随着城市人口增多,加之人们的生活水平日益提高,垃圾总量越来越大。统计资料显示,2010年,全国城市生活垃圾累积堆存量已达70亿吨,占地约80多万亩,近年来平均年增长速度为4.8%。全国600多座城市,已有2/3的大中城市陷入"垃圾围城"的困境,且有1/4的城市已没有合适场所堆放垃圾。①

面对"垃圾围城"这个日益严重的问题,我国主要采取垃圾焚烧发电的方式进行处理。但是由于前期分类不足,导致资源浪费。另外,我国垃圾无害处理水平低,与西方发达国家有较明显的差距,影响着人们的健康。

---

① 垃圾围城需忧思,共同担当责任重[EB/OL].中国环保在线,http://www.hbzhan.com/news/detail/87174.html.

第四节　我国解决生态环境问题的努力

经过新中国成立以后尤其是改革开放至今的努力，我国环境法律体系已经基本健全。正如前文所言，一套体系基本完备。我国的环境保护政策已经形成了一个完整的体系，它具体包括三大政策与八项制度，即预防为主，防治结合；谁污染，谁治理；强化环境管理这三项政策和环境影响评价、三同时、排污收费、环境保护目标责任、城市环境综合整治定量考核、排污申请登记与许可证、限期治理、集中控制八项制度。这些法律政策为我国生态文明建设的提出提供了制度基础。

改革开放后，我国努力探索解决生态环境问题的途径，实施了一系列战略——可持续发展、循环经济、节约型社会、环境友好型社会、低碳经济等战略，为生态文明建设打下了理论与理念基础。

其一，可持续发展。在 1992 年里约热内卢会议以后，我国国务院组织编制了《中国 21 世纪议程——中国 21 世纪人口、环境与发展白皮书》，提出了人口、经济、社会、资源和环境相互协调，可持续发展的总体战略、对策和行动方案。

其二，循环经济。循环经济于 20 世纪 60 年代在国际上被提出。2004 年我国中央经济工作会议提出大力发展循环经济。循环经济是在物质的循环、再生、利用的基础上发展经济，是一种建立在资源回收和循环再利用基础上的经济发展模式。其原则是资源使用的减量化、再利用、资源化再循环。其生产的基本特征是低消耗、低排放、高效率。

其三，节约型社会。2005 年，在《国务院关于做好建设节约型社会重点工作的通知》中，建设节约型社会被提出。建设节约型社会是指在社会再生产的生产、流通、消费环节中，通过健全机制、调整结构、技术进步、加强管理、宣传教育等手段，动员和激励全社会节约和高效利用各种资源，以尽可能少的资源消耗支撑全社会较高福利水平的可持续的社会发展模式。

其四，环境友好型社会。2005 年中共十六届五中全会明确提出要建设环境友好型社会。所谓环境友好型社会就是全社会都采取有利于环境保护的生产方式、生活方式、消费方式，建立人与环境良性互动的关系。

其五，低碳经济。在 2003 年的英国能源白皮书《我们能源的未来：创建低碳经济》中，"低碳经济"一词首次见之于政府文件。2008 年联合国环境规划署确定当年"世界环境日"的主题为"转变传统观念，推行低碳经济"。我国党中央、国务院也高度重视低碳经济与低碳化发展，胡锦涛总书记多次强调要积极发展循环经济和低碳经济，以有效应对气候变化和能源问题对我国发展带来的挑战。低碳经济概念源于减少二氧化碳排放和应对全球气候变化，但不仅仅是减排，而是涉及经济社会和公众生活的方方面面，其外延十分广泛，是低碳产业、低碳技术、低碳生活、低碳发展等一系列经济形态的总称。其内涵是以低污染、低能耗、低排放为基本特征的经济事物和发展模式。

第五章　生态文明建设的内涵与理论体系

　　2007 年,党的十七大报告正式提出生态文明建设,标志着生态文明时代序幕的拉开。生态文明的提出,是对新中国成立后尤其改革开放后我国的环保实践的反思。同时近些年来我国保护生态环境的种种努力,为生态文明的提出奠定了基础。循环经济、节约型社会、环境友好型社会、低碳经济等的提出,都是侧重生态环境保护的某一领域,正是在它们基础上,一个综合性的概念——生态文明得以提出。生态文明涵盖了循环经济、节约型社会、环境友好型社会、低碳经济等,是它们的综合与凝练。

第一节　党的十七大、十八大报告对生态文明建设的阐述

　　生态文明是党的十七大报告中提出的,十七大报告是这样阐述的:建设生态文明,基本形成节约能源资源和保护生态环境的产业结构、增长方式、消费模式。循环经济形成较大规模,可再生能源比重显著上升。主要污染物排放得到有效控制,生态环境质量明显改善。生态文明观念在全社会牢固树立。

　　十八大报告对生态文明建设做了详尽阐述。报告的第八部分是"大力推进生态文明建设",其中涵盖以下内容:

　　建设生态文明,是关系人民福祉、关乎民族未来的长远大计。面对资源约束趋紧、环境污染严重、生态系统退化的严峻形势,必须树立尊重自然、顺应自然、保护自然的生态文明理念,把生态文明建设放在突出地位,融入经济建设、政治建设、文化建设、社会建设的各方面和全过程,努力建设美丽中国,实现中华民族永续发展。

　　坚持节约资源和保护环境的基本国策,坚持节约优先、保护优先、自然恢复为主的方针,着力推进绿色发展、循环发展、低碳发展,形成节约资源和保护环

境的空间格局、产业结构、生产方式、生活方式,从源头上扭转生态环境恶化的趋势,为人民创造良好生产生活环境,为全球生态安全做出贡献。

(一) 优化国土空间开发格局

国土是生态文明建设的空间载体,必须珍惜每一寸国土。要按照人口与资源环境相均衡、经济社会与生态效益相统一的原则,控制开发强度,调整空间结构,促进生产空间集约高效、生活空间宜居适度、生态空间山清水秀,给自然留下更多修复空间,给农业留下更多良田,给子孙后代留下天蓝、地绿、水净的美好家园。加快实施主体功能区战略,推动各地区严格按照主体功能定位发展,构建科学合理的城市化格局、农业发展格局、生态安全格局。提高海洋资源开发能力,发展海洋经济,保护海洋生态环境,坚决维护国家海洋权益,建设海洋强国。

(二) 全面促进资源节约

节约资源是保护生态环境的根本之策。要节约利用资源,推动资源利用方式根本转变,加强全过程节约管理,大幅降低能源、水、土地消耗强度,提高利用效率和效益。推动能源生产和消费革命,控制能源消费总量,加强节能降耗,支持节能低碳产业和新能源、可再生能源发展,确保国家能源安全。加强水源地保护和用水总量管理,推进水循环利用,建设节水型社会。严守耕地保护红线,严格土地用途管制。加强矿产资源勘查、保护、合理开发。发展循环经济,促进生产、流通、消费过程的减量化、再利用、资源化。

(三) 加大自然生态系统和环境保护力度

良好的生态环境是人和社会持续发展的根本基础。要实施重大生态修复工程,增强生态产品生产能力,推进荒漠化、石漠化、水土流失综合治理,扩大森林、湖泊、湿地面积,保护生物多样性。加快水利建设,增强城乡防洪抗旱排涝能力。加强防灾减灾体系建设,提高气象、地质、地震等灾害的防御能力。坚持预防为主、综合治理,以解决损害群众健康突出环境问题为重点,强化水、大气、土壤等污染防治。坚持共同但有区别的责任原则、公平原则、各自能力原则,同国际社会一道积极应对全球气候变化。

（四）加强生态文明制度建设

保护生态环境必须依靠制度。要把资源消耗、环境损害、生态效益纳入经济社会发展评价体系，建立体现生态文明要求的目标体系、考核办法、奖惩机制。建立国土空间开发保护制度，完善最严格的耕地保护制度、水资源管理制度、环境保护制度。深化资源性产品价格和税费改革，建立反映市场供求和资源稀缺程度、体现生态价值和代际补偿的资源有偿使用制度与生态补偿制度。积极开展节能量、碳排放权、排污权、水权交易试点。加强环境监管，健全生态环境保护责任追究制度和环境损害赔偿制度。加强生态文明宣传教育，增强全民节约意识、环保意识、生态意识，形成合理消费的社会风尚，营造爱护生态环境的良好风气。

我们一定要更加自觉地珍爱自然，更加积极地保护生态，努力走向社会主义生态文明新时代。把生态文明建设放在突出地位，融入经济建设、政治建设、文化建设、社会建设的各方面和全过程，努力建设美丽中国，实现中华民族永续发展。

第二节　生态文明建设的内涵

目前学术界以及相关媒体对生态文明主要有以下几种理解：一是"大文明论"。"大文明论"认为生态文明是与农业文明、工业文明前后相继的社会整体状态的文明。生态文明是对农业文明和工业文明的超越，代表了一种更为高级的人类文明形态，生态文明涵盖了社会和谐及人与自然和谐的全部内容，是实现人类社会可持续发展所必然要求的社会进步状态。沿着这种逻辑，人类社会沿着采集狩猎文明—农业文明—工业文明—生态文明的路径演进。二是"小文明论"。"小文明论"不认为生态文明是一种社会发展形态，而是一种社会形态内部某个重要领域的文明。生态文明是人类在处理与自然的关系时所达到的文明程度，它是相对于物质文明、精神文明与政治文明而言的。三是"折中论"。"折中论"认为生态文明在广义上讲是"大文明"，是继采集狩猎文明、农业文明、工业文明之后的新型文明形态；在狭义上讲是"小文明"，是一个社会内部与物质文明、精神文明、政治文明相并列的社会某个重要领域的文明。

从历史发展的角度看，生态文明是一种"大文明"，是整个文明的一种范式转型。生态文明是以生态环境保护(节约资源与保护环境)为核心,但是不仅仅局限于生态环境保护(仅仅就环境保护而环境保护,实际上难以保护好生态环境,要把生态环境保护渗透在社会、经济、文化以及人的生活方式等各个方面)。生态文明是一个社会对待自然(生态环境)的基本态度、理念、认识以及实践的总和,反映了人类对待自然(生态环境)的一种境界与成熟程度。与工业文明不同,生态文明始终把节约资源以及保护环境贯穿社会经济以及社会建构的方方面面,体现人与自然和谐的理念和实践。对应这一概念,生态文明建设就是端正人们对待自然(生态环境)的基本态度、理念、认识,并付诸开发与利用自然(生态环境)的实践的过程,具体可以分为三个层面:伦理层面、操作层面以及保障层面(见图5-1)。

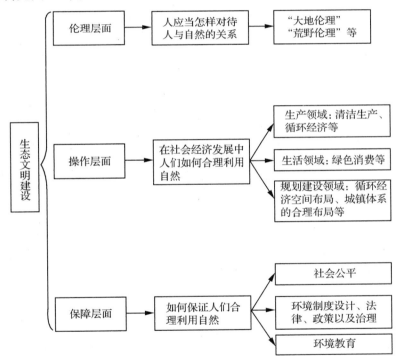

图 5-1　生态文明建设内涵

　　伦理层面是基础层面。解决的问题是"人类应当怎样对待人与自然的关系"。人类如果没有对待自然的正确态度,当然也就缺乏对待自然的合理行为。建设生态文明必须树立正确的生态伦理,这是指导人们对自然实践的基础。工业革命以来,人类的伦理仅仅限于人与人之间,自然不是伦理的主体,充其量只是成为人际伦理的中介。生态文明建设呼唤我们摒弃"人类中心主义"伦理,取而代之为"大地伦理"(莱奥波尔德提出,是一种生态系统伦理,判断是非主要从整个生态系统的角度出发)以及"荒野伦理"(罗尔斯顿提出,强调自然本身固有内在价值,不以人的利益作为评价标准),从"征服文化"上升到"顺应文化"。

操作层面解决的问题是"在社会经济发展中人们如何合理地利用自然",这其中分为三个领域。一是生产领域。在生产领域,人类应当践行合理的生产方式,即通过清洁生产以及循环经济等,实现可持续发展。清洁生产与循环经济对传统经济模式而言都是进步。传统经济模式是末端治理,清洁生产则是在生产过程中就减少废弃物的产生,而循环经济则是把末端废弃物循环利用。二是生活领域。在生活领域,人类应当践行合理的生活方式,追求"绿色"消费,追求合理消费,追求健康消费,改变消费领域不合理的现状。人们的消费方式发生变化,必然反馈给生产环节,从而带动生产向节约型发展。三是规划建设领域。在规划建设领域,人类应通过循环经济空间布局以及城镇体系的合理布局等,达到节约能源与资源,保护生态环境的目的。

保障层面解决的问题是"如何保证人们合理地利用自然",其中分为三个领域。一是社会公平。社会公平对生态文明建设是至关重要的。在一个缺乏公平的社会中,富人占有过多的资源,很多资源都是占而不用,资源的闲置不用意味着巨大的浪费,浪费是最大的不节约。穷人由于缺乏资源,只好向未来"透支",这样可持续发展就没有保障。另外,在缺乏公平的社会中,人们缺乏向心力与合作精神,这与生态环境保护以及可持续发展相悖。二是环境制度设计、环境法律、政策以及治理等。资源与环境属于公共物品,公共物品在使用中存在着"囚徒困境",另外还充斥着大量的"搭便车"行为,要改变这种状况,人类必须改革环境治理体制,制定相应的制度、法律、政策,并加强治理,以克服"囚徒困境"与"搭便车"行为。三是环境教育。生态文明建设的关键在人,一个人如果缺乏良好的环境意识,他的环境行为就不会合理,他的环境策略就不会正确。而没有众多国民合理的环境行为与正确的环境策略的支撑,一个国家与社会是难以获得良好的生态环境的。而良好的环境意识与环境行为,都离不开合理的环境教育。环境教育的主旨是通过宣传、教育手段使人们认识环境,了解生态环境问题,获得治理环境污染和防止新的环境问题产生的知识与技能,并在人和环境的关系上树立正确的态度,以便通过全社会的共同努力保护人类生态环境。

第三节　生态文明建设的历史定位

　　生态文明建设的提出是人类文明的创新。迄今为止,人类已经经历了采集狩猎文明、农业文明、工业文明这三种文明形态。采集狩猎文明虽然生活方式比较环保,解决了"汇"的问题,但是随着人口的增长,难以解决"源"的问题。农业文明"汇"的问题也不突出,但是同样难以解决"源"的问题。工业文明是迄今为止最伟大的文明,就物质文明与科技进步而言,是辉煌的。但是工业文明在"源"与"汇"两端都出现问题,而且两端问题是紧密相连的,如果解决不好,人类甚至面临"灭顶之灾",人类局部的悲剧已经昭示了这一点。许多科幻作品已经为人类勾勒出了前景,其实从科幻到现实,只有"一步之遥",人类完全有可能毁了自己。那么如何解决工业文明的困境呢?我们不可能也没有必要重新返回到采集狩猎文明与农业文明,也不可能再继续延续粗放型的工业文明,因此开辟一种新的发展模式势在必行,这就是生态文明。生态文明不是对工业文明的否定,而是对工业文明的扬弃与升华。生态文明不是摒弃现有的经济运行体系,而是在现有的经济体系内,注重节约资源与保护生态环境,无限向"全循环"与"零排放"努力。如果实现了"全循环",那么人类资源问题即"源"的问题就可以得到解决;如果实现了"零排放",那么人类环境污染问题即"汇"的问题就可以得到解决,这正是生态文明的宗旨所在,唯有如此,人类才能得以可持续发展,文明可以一直延续下去。

　　生态文明的提出也是中国特色社会主义总体布局的一大创新。新中国成立以后,我国政府一直强调三大建设:政治建设、经济建设、文化建设。但是近些年来,我国政府提出了五大建设:政治建设、经济建设、文化建设、生态文明建设、社会建设。生态文明建设与社会建设的添加,是对我国改革开放之后发展之路的反思。改革开放后,我国经济突飞猛进,目前我国已经成为世界"第二大经济体","第一大经济体"也指日可待。但是我们的生态环境保护与社会建设并没有同步跟上。从生态环境保护角度看,我国近些年来经济成就很大程度上是以牺牲资源与环境为代价的。从社会建设角度看,我国经济突飞猛进,但是利益分配还缺乏公平性,腐败现象仍比较突出,社会矛盾有所激化,仇富、仇官等心理普遍存在。生态文明建设与社会建设夯实我国社会经济发展的基础,尤其是生态文明建设,夯实了整个社会经济的发展。党的十八大报告着眼发展全局,确定了经济建设、政治建设、文化建设、社会建设、生态文明建设五位一体的中国特色社会主义总体布局,是中国特色社会主义总体布局的一大创新。

第四节　生态文明建设的意义

生态文明建设的提出,在当前有着极为重要的理论意义与实践意义,主要表现在以下几个方面。

1. 生态文明建设的理论意义

作为一种崭新的发展理念,生态文明建设的理论意义主要体现在:首先,生态文明建设为社会经济持续发展提供了核心支撑。缺乏生态文明建设,尤其缺乏伦理层面的建设,人类难以与自然和谐。任由市场经济的逻辑远行,人类是难以保护生态环境的。英国学者克莱夫·庞廷在《绿色世界史》一书中已经给出了答案。北美的旅鸽在19世纪多达50亿只,正是由于其肉食价值被纳入市场体系后,在1914年,最后一只旅鸽死在动物园,该物种惨遭灭绝了。[①] 类似的悲剧在欧美历史上比比皆是。工业革命以来,人类不是使用自然的"利息",而是透支自然的"老本",也充分地说明这一点。因此社会经济的持续发展,离不开生态文明建设,生态文明建设为可持续发展提供了核心支撑。

其次,生态文明建设为社会主义物质文明、政治文明、经济文明建设提供了根本保障。人类任何社会存在都是以自然环境为前提的,处理不好人与自然的关系,任何社会都难以为继,历史上一些古老文明的消失都昭示了这一真理。社会主义社会也不例外。社会主义文明的其他方面,如物质文明、政治文明、精神文明等的存在与发展,都必须建立在人与自然协调的基础上,都不能透支资源与环境,关于这一点,恩格斯早就告诉我们:"我们不要过分陶醉于我们对自然界的胜利,对于每一次这样的胜利,自然界都报复了我们。每一次胜利,在第一步都确实取得了我们预期的结果,但是在第二步和第三步,却有了完全不同的、出乎意料的影响,常常把第一个结果又取消了。"[②]因此,生态文明建设为社会主义物质文明、政治文明、经济文明建设提供了根本保障。

---

① 克莱夫·庞廷.绿色世界史:环境与伟大文明的衰弱[M].王毅,等,译.上海:上海人民出版社,2002.

② 马克思恩格斯选集(第3卷)[M].北京:人民出版社,1972.

再次,生态文明建设为和谐社会理念赋予了新的内容。生态文明建设不仅涉及人与自然的关系,更涉及人与人的关系。人与人之间(更多的情况下表现为群体与群体之间、地区与地区及国家与国家之间)关于自然环境利用、分配以及成本摊派等的博弈构成了生态环境问题的主旋律。因此没有人际和谐,也就没有人与自然之间的和谐。从这一层面出发,生态文明建设与和谐社会建设殊途同归,生态文明大大丰富了和谐社会的内容。

2. 生态文明建设的实践意义

作为一种崭新的发展理念,生态文明建设具有重大的实践意义,这与我国目前经济社会发展状况紧密相连。目前,随着我国工业化与城市化的加速推进,我国经济发展取得了举世瞩目的成就,但同时我国社会经济发展也面临着不可承受的资源与环境之痛。我国的可持续发展指数在世界上排名靠后;我国城乡生态环境状况均不容乐观,甚至出现多起"公害事件"。对于我国这样一个"人口大国、资源小国"来说,我们不应当也不可能再沿袭高消耗—高污染的传统经济增长方式,而必须走经济社会可持续发展的道路,既要"金山银山",又要"碧水青山"。那么如何才能保证我们沿着可持续的轨道发展? 生态文明建设的提出给了我们指导与方向。只有建设生态文明,全方位地端正人们对待自然的态度,同时付诸生产方式与生活方式等实践,以全面的环境教育与环境制度设计等作为保障,并且加强社会公平,我们才能把社会经济纳入可持续的轨道上来,这是生态文明建设的实践意义之所在。

第五节　推进生态文明建设的路径

作为一项社会工程,生态文明的建设内涵是复杂而深远的,这也决定了生态文明建设路径的复杂性。我们认为,生态文明建设应多路径推进,在其推进过程中以下环节是必不可少的。

1. 改革社会经济评价体系

我们要建设生态文明,首先要改变不合理的社会经济评价体系。工业文明与生态文明最大的区别就在于工业文明的社会经济评价体系不合理。在工业文明中,GDP被赋予至高无上的地位,因环境污染造成的损失不但不剔除在GDP之外,相反为减缓与解决这种损失所付出的努力却划在GDP之中。同时在传统的社会经济评价体系中,环境是没有价值的,资源也处于一种低价值的状态,这对人们的行为造成一种逆向激励。我们需要改变传统的 GDP 评价体系,引入绿色 GDP 评价体系,改变"资源低价、环境无价"的不合理状况,从而引导企业向节约资源、节约能源的生产方式转变,引导人们向节约资源、节约能源的生活方式转变。

2. 改革政绩评价体系

我们要建设生态文明,还必须改变不合理的政绩评价体系。在我国以往的社会经济发展中,政绩考核过于偏重经济指标,而相对忽略生态、社会、文化等因素。我们需要改变官员考核过于注重经济发展的现状,引入生态评价法,以及社会、经济与生态多因子法等,综合性地、因地制宜地考核政绩。在一些生态敏感地带,从全局利益出发,政绩考核应赋予生态因子更高的权重,要使生态因子权重高于经济因子。

3. 加强环境教育

使全社会形成对生态环境的良好态度、理念以及认识,我们还离不开环境教育。通过环境教育,人们接受环境知识以及价值观,才能形成合理的环境行为以及适当的环境策略。因此,我们需要在各级教育体系中以及在社会、社区中大力开展环境教育,向人们灌输生态理念与知识,提高人们的环境素质与意识。

4. 丰富环境治理手段

建设生态文明,引导社会重视生态环境,并付诸实践,不能仅仅局限于说教,还要通过利益调节,而这离不开环境治理手段。当前,我们需要丰富环境治理手段,全面调动人们的环境行为。我们需要通过合理的税费改革,产生激励机制,促进循环经济与清洁生产的发展。同时通过押金制、补贴制度、税费制度、排污权交易制度等,使环境成本真实化,对生产与生活领域产生激励,从而鼓励绿色生产方式与生活方式。

5. 加强生态规划与布局

在生态文明建设中,加强规划布局是重要环节。合理的规划将大大节约资源与能源,同时能够保护生态环境。目前我国对国土已经进行了初步的功能分区。我国的一些省份,也纷纷进行了生态功能分区,如江苏省全省共分华北平原农业生态区、长江三角洲城镇城郊农业生态区、苏东城镇发展与近岸海域生态区 3 个一级生态区。在这 3 个一级区的基础上,又细分出 7 个生态亚区和 33 个生态功能区。今后我们还需要进一步细化区域生态功能分区,同时还要逐步完善城镇体系。

6. 完善生态补偿机制

生态文明建设要求生态公平,这样全社会才能形成保护生态环境的合力。完善生态补偿机制就是生态公平中不可或缺的环节。我们需要以多种形式完善城乡之间、区域之间、流域之间以及人群之间的生态补偿,彰显生态公平。尤其是我们要以生态补偿支撑生态功能分区,使由于支撑全局生态利益而牺牲自身利益的地区得到充分的生态补偿。

7. 发动全社会力量投身生态环境保护

生态环境保护是全社会共同的事业,生态文明建设离不开全社会的共同参与。当前我国过于依赖政府力量保护生态环境,社会组织以及社区的力量远远不足。今后我们需要利用全社会力量推动环保,合理划分政府和社会组织以及社区在生态环境保护中各自的空间与责任,以保护好我国的生态环境,建设生态文明。

当然,生态文明建设有着复杂的内涵,以上7个方面还远远不足以穷尽生态文明建设的内涵。

第六节　生态文明建设的理论体系

生态文明建设的理论体系有生态系统理论以及可持续发展理论等。

1. 生态系统理论

生态系统的概念是由英国生态学家坦斯利在1935年提出来的,生态系统是指在一定的空间内,生物与环境构成的统一整体。生物可分个体、种群(个体的集合)、群落(种群的组合)三个层次。在这个统一整体中,生物与环境之间相互影响、相互制约,并在一定时期内处于相对稳定的动态平衡状态。生态系统有大有小,从小的维度而言,一个池塘就是一个生态系统,从大的维度而言,地球整体就是一个生态系统。

生态系统有三大功能,能量流动(单线不可逆)、物质循环(环形)、信息传递(双向)。生态系统中很重要的两个法则是:第一,任何一个物种不能超出生态系统的承载力,当超出承载力时,系统通过食物、天敌以及空间等限制,使物种回归到阈值之内。第二,能量流动、物质循环以及信息传递发生故障,会影响系统的正常运行。

生态文明建设是以生态系统为基础。任何一个社会的基础是生态系统,只有将发展控制在生态系统资源与环境阈值中，并使能量流动、物质循环以及信息传递正常运行，这样的社会才有可能真正建成生态文明社会。

2. 可持续发展理论

可持续发展是人类社会在20世纪末，针对高增长—高消耗—高污染的传统经济增长方式而提出的一种理念。目前世界上可持续发展的定义有100多种，但世人公认的是前挪威首相布伦特兰夫人的定义："既满足当代人的需要，又不对后代人满足其需要的能力构成危害的发展。"布伦特兰夫人的定义之所以成为权威定义，首先是因为其提出了代际伦理；其次是因为布伦特兰夫人特殊的社会地位。

当然，布伦特兰夫人的定义也有一定的歧义，因此为这一理念选择可操作性标准十分重要。"戴利三原则"就是一个较为科学的操作标准，遵循了这三条原则就做到了可持续发展：首先，就不可更新资源而言，使用速度不能超过替代资源的开发速度。其次，对可更新资源而言，使用速度不能超过更新速度。再次，就污染而言，人类所产出污染，不能超过自然的阈值。

可持续发展理论是生态文明建设的基础。生态文明建设首先要做到"戴利三原则"，使社会经济实现可持续发展——当然生态文明建设不仅仅局限于这三条原则，它有着更为深刻的内涵，但是"戴利三原则"是任何一个生态文明社会的"底线"。

第六章 苏州生态文明建设取得的成就

苏州是我国最有特色的城市之一。苏州是一座著名古城,有着"人间天堂"的美誉,目前苏州的旧城得到完好保护。苏州又是一个现代化城市,改革开放后,苏州经济迅速发展,曾经以"苏南模式"而闻名于世。目前苏州以一个地级市的城市建制,GDP 在全国排名第7,实力雄厚,经济发展接近于中等发达国家水平,而且苏州下辖的4个县级市全部排在全国百强县前10名,2015年8月公布的第十五届全国县域经济与县域基本竞争力百强县榜单中,苏州市下辖的4个县级市均进入前5名。苏州不仅经济发达,也是我国城乡差距最小的城市之一。2013年,苏州城乡居民收入比为1.9:1(江苏省为2.39:1,全国为3.03:1),城乡之间较为和谐。

苏州不仅在社会经济发展方面取得了举世瞩目的成就,在生态文明建设中,苏州在也取得了显著的成就,表现在以下方面。

第一节 环保优先:投入力度在全国名列前茅

1. 加强环保投入

生态环境保护离不开资金投入。国际研究表明,解决生态环境问题,需要大量的投入。环保投入占国民生产总值的比例达到1%～1.5%的时候,就可以基本控制污染,达到2%～3%时才可以逐步改善生态环境。作为一个发展中国家,我国环保投入占国内生产总值的比例还是比较小的,2000年前,低于1%,近些年来,低于1.5%。苏州对环保事业的投入力度很大,逐年增加,而且占GDP 的比重也逐年增加。2011年,苏州全社会环保投入达387.44亿元,占GDP 的比重达3.62%,已经能够和发达国家接轨。2014年,全市环保投入达537亿元,占 GDP 的比重达4.13%,按本地户籍人口计算,人均超过8200元。

加上常住人口，人均也超过4100元，力度非常大。

2. 建立"两项资金"

从2007年开始，苏州建立"两项资金"，即环保专项资金和污染防治资金，平均每年有超过6亿元资金投入污染防治。"两项资金"的建立，有助于环保部门统筹安排，并提高了企业淘汰落后产能、改进生产工艺的主动性。

3. 开展"两河一江"环境综合整治工程

为提升"两河一江"（环古城河、京杭大运河苏州段、胥江）的品质，推动苏州成为真正的"东方水城"，苏州于2012年开展"两河一江"环境综合整治工程。整治目标是：用2年左右时间，全面完成"两河一江"环境综合整治，用5年左右时间，全面完成区域内基础性开发建设任务，力争把"两河一江"建设成为"生态、文化、繁荣、美丽"的景观带。工程涉及环古城河、京杭大运河苏州市区段和胥江城区段，估算总投资约170亿元。工程的范围具体包括环古城河提升工程、运河环境综合整治工程、胥江环境综合整治工程、古城区河道水质提升工程、京杭大运河苏州市区段"四改三"工程、大运河申遗工程六大工程。

4. 加大对农村环境保护的投入

在生态文明建设中，农村"一端"是关键。农村地区是区域生态的基础，为城市提供生态支持。农村生态环境保护不好，必然影响区域生态环境的整体质量。苏州高度重视农村生态环境保护，投入力度很大。苏州每年投入大量资金用于村庄环境整治与环境设施建设，2012年，苏州投入24亿用于村庄环境整治，2013年苏州启动了"美丽镇村建设"，旨在进一步提升农村环境质量；苏州每年安排专项资金，用于农村生活污水治理项目建设的"以奖代补"和运行管理考核；苏州每年安排专项资金，加大对现代农业示范园区的支持力度；苏州不仅加大直接投入，还通过政策积极引导集体经济组织、农村企业、村民、其他社会组织以多种形式参与村庄环境基础设施建设和运营，努力构建"政府引导、市场运作、社会参与"的多元投入机制。

5. 把环保作为经济发展的"原动力"

苏州始终把生态环境保护放在一个重要的位置。苏州政府把生态环境保护上升到一种较高的理论境界，不是把生态环境保护作为一种负担，而是把生态环境保护作为经济发展的"原动力"。苏州人具有宽广的眼界，对于生态环境保护的理解已经超出了中国视域，跟国际接轨，用苏州市领导的话说就是："我们设置的排污标准是最严格的，我们甚至不和国内城市比，要跟美国及西欧等发达国家和地区看齐。"

第二节　"三个宁可"：坚持招商引资生态高标准

　　社会经济发展与生态环境保护二者之间要实现耦合,社会经济发展不能以牺牲生态环境为代价。但在资源有限的情况下,生态环境保护与经济发展之间可能会出现矛盾,怎么处理这种矛盾呢? 尤其在招商引资中,我们经常可以看到这一问题的复杂性,因为招商引资已经成为我国地方经济发展的重要引擎,具有巨大的诱惑性。苏州也是如此,从20世纪90年代末期向"新苏南模式"转型后,苏州走了一条外向型经济发展道路,引进外资成为经济发展的重心。在我国招商引资中,注重经济利益而"变相"降低环境标准的情况比较常见,几乎已经成为一种"通病"。苏州严把"环境关",显示了一种长远的发展眼光。苏州领导用"三个宁可"诠释了这一长远眼光:宁可少上项目,也要完成节能减排指标;宁可放慢发展的速度,也要保护好我们的生态环境;宁可放弃一些眼前的利益,也要保证生态的修复。这三个"宁可"的背后是苏州人的可持续发展理念——"我们现在不愿意靠土地和资源的大量消耗来换取经济发展,长此以往,生存环境将受到挑战和威胁,这样的发展也是没有意义的。"

　　理念指导实践,近些年来,苏州因为严格的环保标准拒绝了很多投资项目。近些年来,苏州劝阻了造纸、电镀、冶金等重污染或不符合苏州产业发展方向的项目多项,涉及的投资资金巨大。在苏州工业园区,曾经发生这样的事例:为了保护生态环境,工业园区拒绝了一个外资大项目,达2亿美元,连前来投资的"老外"都不敢相信。工业园区的这一魄力,充分体现了苏州人"宁可经济发展慢一些,也要保护好环境"的先进理念。

　　苏州不仅严把生态环境关,对引入新企业采取审慎的态度,同时对既有企业加强管理,为此苏州逐步改变传统的"事后治理"模式,积极推进"事先预防"模式。苏州以往侧重对污染企业"重处罚",但是却陷入"轻纠正"的误区,效果不很理想。为了改变这种情况,近些年来,苏州积极探索实施"后督查模式"——发现企业污染的相关问题后,提出整改意见;整改不到位,责令停产整顿;整顿过关同意其复产后,会不定期检查,直到企业污染排放得到控制。从2012年开始,"后督察"已成为苏州环境监察的一项日常工作制度,从而彻底改变了以往"重处罚、轻纠正"的监管误区。

第三节　与时俱进：注重环境法规与政策的针对性

近些年来，我国各地都在加强环境法规与政策，苏州也是如此，不断加大环境法规与政策建设力度。苏州环境法规与政策建设有自身的鲜明特色，即针对性较强，针对生态环境保护中的新问题、新情况，及时出台相关法规与政策。

案例1：道路扬尘立法。近几年来，为了加快社会经济发展，苏州加强道路建设，下大气力解决交通问题，干将路改造、轨道交通建设、中环路工程、南环西延等工程此起彼伏。但道路工程多，就带来了扬尘问题，给人们生活造成了一定影响。针对群众反映较多的扬尘问题，市政府立即成立了扬尘污染防治管理工作领导小组，出台了1项政府规章和5项规范性文件，在加强工地管理、规范渣土运输、筹建消纳场所、优化保洁绿化等方面做了很多硬性规定，保障了空气质量和市容环境。

案例2：湿地立法。苏州目前耕地较少，随着城市化进程的不断推进，湿地的生态价值日益显现。据联合国环境规划署权威研究数据显示，1公顷湿地生态系统每年创造的价值高达1.4万美元，是热带雨林的7倍，是农田生态系统的160倍。苏州政府认识到湿地价值后，2012年2月正式实施了《苏州市湿地保护条例》，该条例首次将永久性水稻田等具有特殊保护价值的人工湿地纳入保护范围，同时将长江滩涂等滨水地带也纳入了湿地保护范围，并在经济上给予其大力支持。

案例3：转型升级政策。针对苏州目前第二产业"较重"的经济现状，为了节约资源与保护环境，苏州不断探索转型升级，积极引导产业结构由劳动密集型向高技术产业转型，严格限制高污染、高耗能、低附加值的低端制造业发展。在新型产业端，苏州积极推进新能源、新材料、生物技术和新医药、节能环保、软件和服务外包、智能电网和物联网、新型平板显示和高端装备制造8大产业，使新兴产业成为推动全市工业经济发展的强大驱动力和主要增长极。同时大力发展电子信息、装备制造等6大产业，促进支柱产业显著提高发展质量。在旧有企业端，苏州积极推进中小企业转型升级项目以及重点技术改造项目。为了支撑产业工程的转型升级，苏州出台了一系列政策。例如出台"苏州市级工业产业转型升级专项资金政策"，通过专项资金,重点支持新能源、生物技术和新医药、智能电网和物联网、新型平板显示四大产业跨越发展工程以及新材料、节能环保、软件和服务外包、高端装备制造等领域新兴产业的发展。

案例4:推进信息公开。在生态环境保护中,信息公开非常重要,不但能够节省环境管理成本,而且还能推动公众参与。为了更好地推动生态环境保护与可持续发展事业,苏州还通过立法积极推进环境信息公开。从2005年开始,苏州城市规划区范围内的城市规划方案,只要非保密性的,出台前后一律进行公示。各区、市(县级市)的环境信息也全部公开,供社会公众参考与监督。苏州不仅定期公开企业环境信息,而且还出台相关政策,定期举办企业环境行为信息公开化评级,把企业评为五档——绿、蓝、黄、红、黑,分别代表很好、好、一般、较差、很差,苏州把企业评级并通过媒体发布,较好地起到监督企业环境行为的作用。

第四节 公平主导:推行生态补偿引领全国

在我国当前,环境公平是一个焦点问题:一些本应由强势群体支付的环境成本,却由部分弱势群体来承担。一些本该由城市支付的环境成本,却由农村予以买单。尤其随着城市环境监管越来越严,城市的污染企业、城市的固体废弃物以及城市生活垃圾等大量向农村地区、城乡接合部转移,使农村深受其害。我国农村水污染、土地污染、垃圾污染等诸多生态环境问题,都与此有关。为了克服这一问题,建立生态补偿机制是必需的。另外,经济发展与生态环境保护二者本质上是兼容的。经济发展可以为生态环境保护提供物质基础,生态环境保护可以为经济发展提供持续动力。但对于特定人群以及特定地区而言,生态环境保护与经济发展二者又是矛盾的,因为成本与收益是不对称的。例如在郊区建设生态林,可以调节整个城市的生态环境。但是郊区往往是人口较为密集的地区,建生态林往往意味着一部分人的利益做出牺牲,这个时候也需要对其进行一定的补偿,保证生态公平。

我国目前开展的生态补偿主要发生在国家与区域(省域)层面,市域层面少见。为了避免城市的发展给农村生态环境造成伤害以及使一部分人为了保护生态环境而吃亏,苏州推出了生态补偿机制。苏州是全国最早建立生态补偿机制的城市之一,引领全国,体现了苏州政府保护生态环境与推进可持续发展的决心，也显示出苏州政府在生态环境保护中恪守以人为本与公平的理念。

2010 年苏州颁布《中共苏州市委、苏州市人民政府关于建立生态补偿机制的意见（试行）》，规定生态补偿用于五个方面：其一，加强基本农田保护。根据耕地面积，按不低于 400 元/亩的标准予以生态补偿。同时，对水稻主产区，连片 1000～10000 亩的水稻田，按 200 元/亩予以生态补偿；连片 10000 亩以上的水稻田，按 400 元/亩予以生态补偿。其二，加强水源地保护。对县级以上集中式饮用水水源地保护区范围内的村，按每个村 100 万元予以生态补偿。其三，加强重要生态湿地的保护。对太湖、阳澄湖及各市、区确定的其他重点湖泊的水面所在的村，按每个村 50 万元予以生态补偿。其四，加强生态公益林保护。被列为县级以上生态公益林的，按 100 元/亩予以生态补偿。其五，对水源地、重要生态湿地、生态公益林所在地的农民，凡其人均纯收入低于当地平均水平的，给予适当补偿。2011 年苏州就支付了 15 亿生态补偿，主要针对农村地区，目的是不让生态保护"功臣"吃亏。

2013 年，苏州与时俱进地调整了生态补偿政策。其一，调整水稻田生态补偿政策，对列为"四个百万亩"保护的水稻田予以生态补偿。凡列入土地利用总体规划，经县级以上国土、农业部门确认为需保护的水稻田，按 400 元/亩予以生态补偿。其二，分档制定水源地村、生态湿地村的生态补偿标准。对县级以上集中式饮用水水源地保护区范围内的村，及太湖和阳澄湖水面所在的村，综合考虑湖岸线长度、土地面积及村常住人口等因素，分三个档次进行补偿：以行政村为单位，湖岸线长度在 3500 米以上，区域土地面积在 10000 亩以上，村常住人口在 4000 人以上，同时达到上述这三项标准的，水源地村每村按 140 万元、生态湿地村每村按 100 万元予以生态补偿；达到上述一项以上标准的，水源地村每村按 120 万元、生态湿地村每村按 80 万元予以生态补偿；上述三项标准均未达到的，水源地村每村按 100 万元、生态湿地村每村按 60 万元予以生态补偿。其三，提高生态公益林生态补偿标准。凡被界定为县级以上生态公益林的，按 150 元/亩予以生态补偿。

第五节　内涵彰显：加强生态质量建设

生态环境保护不仅需要数量上的成就（指标体系），而且需要质量上的成就。二者缺一不可。生态质量尽管难以用指标衡量，但也非常重要。例如绿化率就是例证。同样的绿化率,生态效果往往是不同的。因为不同的树种带来不同的生态效益,本土化的物种能够涵养水源,而一些外来物种反倒可能增加生态负担。同样的绿化率,绿化能不能形成相对规模也是至关重要的,相对大型的绿地能够维持物种多样性、涵养水源以及改变局部小气候,而相对小规模的绿地则效果相对较差。同样,人工林与天然林的生态效果也是大不相同的,天然林经过时间沉淀,里面的机理错综复杂,而人工林则缺乏这些机理,有的人工林甚至是"绿色沙漠"。这些都是指标体系所显示不出来的。

苏州政府不仅注重生态环境保护数量体系,同时比较重视环境质量,从以下案例就可以看出来:

案例 1:构建绿化体系。任何一个讲究质量的绿化工程都是体系工程,它需要郊外大型森林、市区集中的绿化地带以及"见缝插绿"庭院绿化的有机结合,三者缺一不可,各有用途。大型森林在生态方面的作用非常重要,只有大型的绿化面积才能涵养水源,连接河流水系和维持林中物种的安全,庇护大型生物并保持一定的规模,并且能抵抗一定的自然干扰。大型森林的建立,同时可以满足人们休闲、野游、运动的需要。市区必须有集中的绿化地带,城市中较大面积的绿地,不仅可以通过阻挡、滞留、过滤、黏附和吸收大气中的尘粒或有毒气体以减轻大气污染,而且还因与建筑区不同的热力状况,形成一种类似"海陆风"的空气对流,使建筑区混浊的空气被带至高空而降低污染程度;同时新鲜空气源源不断地从绿地流向建筑区,从而可以降低污染程度。庭院绿化则可以采取多种形式,因地制宜,而且与人民生活息息相关。苏州高度重视体系建设,对大型生态公共地必须进行整体保护,防止"化整为零式"破坏。不仅如此,还创造条件积极打造大型绿地。建设三角嘴湿地公园就是例证。目前苏州三角嘴湿地公园正在建设中,公园总占地面积约 12.04 平方公里,其中水域面积达 5.38 平方公里,是离苏州城市核心区最近的大型城市湿地公园。按规划,三角嘴湿地公园将在 2017 年左右全面建成,建成后,将成为苏州的"绿肺",对整个城市的生态环境保护有着重要意义。

案例 2:打造绿地网络。绿地需要网络,即能够通过廊道连接起来,否则就是绿地再多,对生物尤其是动物的生长也十分不利。苏州重视绿地网络,目前正在实施被专家称为"让绿地活起来"的绿地网络工程。绿地生态网络将由中心保护地、外围保护地和生态廊道组成。其中,城市西部的太湖、低山丘陵如近郊的虎丘、何山、狮子山、天平山、灵岩山、七子山、远郊如阳山、邓尉山、穹窿山、清明山、洞庭东、西山，城市东北角的阳澄湖、东南角的独墅湖、西北角的三角嘴湖、西南角的石湖，以及其周边山地，形成苏州市自然景观保护地和物种源地，是城市的中心保护地。外围保护地由两部分组成，一是东部的金鸡湖湖滨公园和东沙湖公园，南部澹台湖公园，西北部的大白塘公园等；二是在创建园林城市中已建成的桐泾公园、广济公园、东汇公园、文庙公园等34个市、区级公园和100座小游园等。而在中心保护地与外围保护地之间构筑与交通系统和河网系统相结合的防护林带，这些宽窄不一的绿色路径，形成城市内外交流的生态廊道，一定程度上保证了动物的栖息与安全。

案例3：从"水安全"到"水幸福"。苏州因水而生，水是苏州之魂。苏州高度重视水的质量建设，把水作为民生大事。作为"人间天堂"，与其他城市不同的是，苏州高度重视水的质量与内涵建设，不仅仅满足"水安全"，而且在"水安全"的基础上，积极打造"水幸福"。"水幸福"则是一个系统的社会工程，不像"水安全"只是一个技术工程，它是"水安全"的进一步升华，有着更为复杂的目标与诉求，它是技术、经济、社会以及文化等的耦合。

苏州积极打造的"水幸福"主要有以下内涵：首先，加强城市饮用水、排水、污水处理的安全保障，不仅保障当前安全保障，而且构建可持续安全保障效应。其次，在保证供排水安全的同时，尽可能降低成本，让老百姓得到实惠。再次，苏州供排水事业给人们带来的福利与实惠，是普惠的，不仅"锦上添花"，还"雪中送炭"，实现社会公平。最后，"水幸福"是一种主观感受，即人们在安全用水的同时，能够产生一种认同感、归属感、自豪感、有文化感。为此，苏州积极打造"水文化"。从"水安全"到"水幸福"，彰显苏州高度重视生态质量与内涵的理念和决心。

案例4：实施"四个百万亩"工程。2012年年底，苏州印发《关于进一步保护和发展农业"四个百万亩"的实施意见》，明确了"四个百万亩"的具体目标：优质水稻110.56万亩，特色水产100万亩，高效园艺100万亩（其中蔬菜面积50万亩），生态林地100万亩，总面积不低于410.56万亩。"四个百万亩"工程的实施，为苏州设置了一道"生态安全阀"。

第六节　城乡一体：从城乡共生角度解决生态环境问题

苏州高度重视城乡生态融合，从城乡一体化的视角推进生态文明建设。

1. 推进农村"三集中"

苏州的现实情况是人多地少，人口密度大。从生态系统角度出发，把农村人口适度集中，一方面可以推进城市化；另一方面还可以"腾出"更多的生态支持系统，集约利用土地，实现农业的规模经营，这些都有利于生态环境保护。从20世纪90年代后期开始，苏州就积极推进农村"三集中"工作，即把农村工业项目向园区集中、农田向适度规模经营集中以及农民向城镇或者农村新型社区集中。随之相应的是"并村工作"。到2011年，苏州全市的自然村从2005年的20914个减为10170个，行政减为1168个（包括200多个涉农社区）。"三集中"在取得了生态效益的同时，也取得了一定的社会效益。

当然，苏州并没有一味地集中，而是有选择地保留农村。为此苏州把农村社区严格细致地分为城市社区型、集中居住型、旧村改造型、生态自然型、古村保护型5种类型，尤其对生态自然型以及古村保护型两种农村社区采取了审慎的态度，这些自然村落和原生态的乡土环境兼顾并适应着千百年来人们的农耕生产和日常生活的需要，始终与大自然保持着最为和谐的关系，它们既是一种自成体系的生态圈，同时也是苏州整体山水生态系统的不可或缺的重要组成部分。苏州尽力保护这两种农村社区类型，实现生态与文化的"双赢"。

5种类型农村社区的划分体现了保护与发展辩证统一的精髓。其总体目标是"广大农村既保持鱼米之乡优美的田园风光，又呈现先进和谐的现代文明"，使"城市更像城市，使农村更像农村"。

2. 推进农业规模经营

农业规模经营不仅具有经济意义，同时具有生态意义，有着一定的生态规模效益。在耕地资源有限的情况下，苏州除了严格保护有限的耕地外，还积极探索农业规模经营。一方面通过生态补偿，通过利益引导农业规模化经营；另一方面还通过推进土地股份合作改革、培育农业规模经营主体等举措，为农业规模经营提供社会层面的支撑。

第七节　规划优先：生态功能分区指引生态文明建设

　　生态功能分区对于生态文明建设而言十分重要。科学的生态功能分区对于因地制宜地使用资源与保护环境，提高生态效率，意义重大。目前在我国，无论中央层面还是地方层面，都在积极探索生态功能分区。苏州积极探索，根据城乡生态特征，加强区域生态规划，进行生态功能分区。《苏州城镇体系规划》将苏州分为环太湖生态功能区、阳澄淀泖水乡与古镇生态功能区、沿长江生态功能区、沿沪宁线城镇发展轴生态功能区等。《苏州市生态文明建设规划（2010—2020 年）》将苏州市划分为 5 个一级生态功能区和 56 个二级生态功能区，并细化每一生态功能区的发展方向与生态环境保护要求。

　　其中一级生态功能区主要包括北部长江水环境安全维护与沿江生态经济区、北部沿江生态农业与城镇生态经济区、中部湖泊湿地生态环境保护功能区、中部城市生态经济区和南部太湖水环境保护功能区（见图 6-1）。

　　在一级功能区下，《苏州市生态文明建设规划（2010—2020 年）》又详细地划分出 56 个二级功能区，并对每个二级功能区空间分布、面积、植被覆盖情况以及各区的主要生态服务功能、发展方向、环境保护对策等分别做出了详

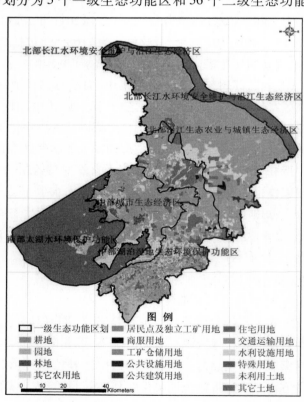

图 6-1　苏州市一级生态功能区划图

资料来源：苏州市人民政府、中国环境科学研究院《苏州市生态文明建设规划（2010—2020 年）》，2010。

尽的阐述(见图6-2)。

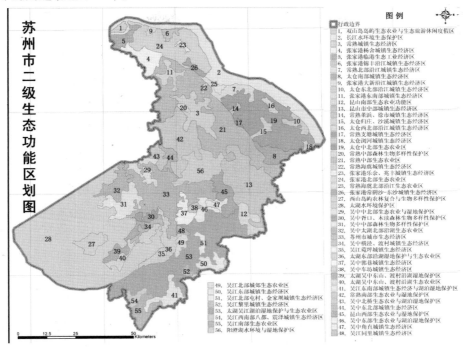

图6-2　苏州市二级生态功能区划图

资料来源:苏州市人民政府、中国环境科学研究院《苏州市生态文明建设规划(2010—2020年)》,2010。

《苏州市生态文明建设规划(2010—2020年)》还根据苏州市生态环境保护、资源合理开发利用和社会经济可持续发展的需要,将苏州市划分为优化开发区、限制开发区和禁止开发区,其中限制开发区即为生态红线二级管控区,禁止开发区即为生态红线一级管控区(见表6-1)。

表6-1　苏州市生态功能控制性规划

类　型	面积(km^2)	比例(%)
优化开发区	5282.9	62.2
限制开发区(生态红线二级管控区)	3063.76	36.1
禁止开发区(生态红线一级管控区)	141.76	1.7
合　计	8488.42	100

资料来源:苏州市人民政府、中国环境科学研究院《苏州市生态文明建设规划(2010—2020年)》,2010。

近些年,在政府大手笔的投入以及各方面的不懈努力下,苏州生态环境保护事业取得了较大的成就。目前,苏州以及下辖的张家港市、常熟市、太仓市、昆山市、吴江区、吴中区、相城区均建成"国家生态市(区)",苏州工业园区、苏州高新区、张家港保税区、昆山经济技术开发区均建成国家级生态工业示范园区;苏州成为国家可持续发展试验区、全国绿化模范城市和全国首个"国家园林城市群";《2009年中国城市竞争力蓝皮书:中国城市竞争力报告》显示,在全国各城市中,苏州环境竞争力排第一位,环境质量排第六位,环境舒适度排第四位,人工环境优美度排第一位。在近些年我国宜居城市的排名中,苏州也名列前茅。2013年,英国经济学人智库(EIU)发布最新一期全球宜居城市排名,排名依据是按照全世界140个城市影响生活方式的因素以确定其相对舒适度,包括5大类30多项定性及定量因素,如安定性、医疗卫生、文化与环境、教育、基础设施等。中国有8个内地城市入围,其中苏州排名第一。2014年,苏州荣获李光耀世界城市奖。苏州生态文明建设取得了令世人瞩目的成就。

第七章 苏州生态文明建设面临的问题与矛盾

毋庸置疑,苏州的生态文明建设取得了显著的成绩,但也必须看到,在生态文明建设中,苏州还面临着不少问题以及一些深层次的矛盾。若这些问题与矛盾解决不好,则将影响苏州生态文明建设的效果。

第一节 苏州生态文明建设面临的主要问题

苏州目前的生态文明建设还面临着一系列问题,有历史遗留问题,也有现实发展中的问题。

1. 人地矛盾较为突出

苏州 8488 平方公里的土地,承载着超过 1300 万的人口,人口密度很大。尤其外来人口大量涌入,近些年来逐年增多(表 7-1)。另外,苏州水域面积达 3609 平方公里,占总面积的 42.5%,因此实际可用陆路面积还要"缩水",更加剧了人地矛盾。近年来,不少学者做了苏州资源与环境承载力的研究,得出的结论是:在水资源、土地资源、环境支持能力等各个方面,苏州的空间与潜力都比较小,资源与环境承载力趋近饱和。

当然,随着科技进步,资源与环境承载力也会逐步提高,但是人们生活水平的不断提高以及人口的增多始终使苏州的人地矛盾问题难以回避。尤其作为一个发达的城市,外来人口的压力是毋庸置疑的。苏州提出将总人口控制在 1300 多万的目标,即使该目标能够实现,苏州的人地矛盾同样较为突出。

表 7-1　2004—2014 年苏州常住人口规模

年份	规模（万人）	年增长率（%）	外来人口占常住人口比例（%）
2004	729.10	—	17.85
2005	757.70	3.93	19.85
2006	809.90	6.88	23.93
2007	882.10	8.92	29.22
2008	912.70	3.46	30.99
2009	937.00	2.66	32.41
2010	1046.60	11.70	39.10
2011	1051.90	0.51	38.90
2012	1054.91	0.29	62.11
2013	1057.87	0.30	61.81
2014	1360.00	28.56	51.39

资料来源：苏州人口学会。苏州市十二五人口发展规划研究报告［J］苏州人口资讯，2010（3）；《苏州统计年鉴》，2010—2014。

2. 能源与资源自给自足程度差

作为经济发达的城市，苏州能源与资源消耗量极大。但是与此形成鲜明反差的是，苏州能源与资源自给率低，煤炭、石油、天然气等一次性能源都需从外地调入，绝大多数矿产资源都依赖"外援"。

3. 资源与能源利用率相对较低

在"苏南模式"期间，苏州走的是一条高度粗放型的发展道路，就地工业化，资源与能源利用率比较低。当前，苏州注重集约型发展，通过科技进步与清洁生产，资源与能源利用率有所提高，单位 GDP 能耗逐年下降。但是与我国一些城市相比，还有较大差别。苏州万元 GDP 能耗高出上海 12%，高出深圳 42%，单位建设用地 GDP 产出只有深圳的 1/3。苏州与国内城市相比尚且如此，与发达国家相比差距更为明显，节能减排还有着较大的提升空间。

为了保持竞争力以及提高居民生活水平，苏州仍旧提出经济总量大幅增长的宏伟目标。在现有土地资源、流动劳动力资源以及资源环境容量均不可能倍增的情况下，为实现经济总量的增长甚至倍增，提高资源与能源利用率是唯一出路。

4. 产业结构明显偏"重"

苏州目前第二产业偏高,第三产业相对不足,不用说跟发达国家城市比较,就是与国内城市相比较,也略逊一筹(见表7-2)。按照国际上不成文的说法,一个城市要成为生态城市,必须在产业方面具备以下条件:一二三产是"倒金字塔型",其中三产比例应当高于70%,按照这一标准,苏州离生态城市相距甚远。当然,苏州产业结构不合理有着种种客观原因,但不管怎样,这种不合理的产业结构都对城市生态文明建设带来一定的负面影响。

苏州第二产业又高度集中在制造业上。近些年来,苏州大力调整产业结构,高新技术产业发展较快。但也必须看到,从耗能情况看,苏州十大高耗能行业中造纸及纸制品业、化学原料及化学制品制造业等产业的比重仍很大,有的产业增速仍很快。这些都对苏州的资源与环境提出了严峻挑战,苏州社会经济的发展面临资源与环境的"瓶颈"。

表7-2 苏州产业结构以及与我国其他城市的比较(2012年)

城市	第一产业百分比	第二产业百分比	第三产业百分比
北京	0.8	22.8	76.4
上海	0.6	39.4	60.0
南京	2.6	44.0	53.4
武汉	3.8	48.3	47.9
苏州	1.6	54.2	44.2

5. 人均"生态足迹"高

"生态足迹"是养活一定人群所需的土地面积,其计算方法是首先统计出一定人群自身消费的自然资源和所产生的废弃物的数量,其次把前者折算成能够生产这些自然资源和消纳这些废弃物的生物生产面积。人均"生态足迹"就是养活一个人所需的土地面积。人均"生态足迹"高,对自然带来的压力就大;人均"生态足迹"低,对自然带来的压力就小。

据苏州科技学院所做的《苏州市人口的生态承载力问题研究》,早在2008年,苏州的人均"生态足迹"就处于高额"赤字"状态(见表7-3)。

表7-3　2008年苏州人均"生态足迹"状况

土地类型	人均"生态足迹"（公顷）	人均生态承载力供给（公顷）	人均生态盈亏（公顷）
化石燃料用地	3.54555	0.0299	−3.5156
耕地	0.1069	0.2132	0.1063
林地	0.0116	0.2652	0.2536
草地	0.5949	0.0232	−0.5717
建筑用地	0.1147	0.1035	−0.0112
水域	0.1337	0.1125	−0.0212
合计	4.5073	0.7475	−3.7598
扣除12%后的人均生态承载力	4.5073	0.6578	−3.8495

资料来源:苏州科技学院苏州科协软科学项目《苏州市人口的生态承载力问题研究》,2010。

事实上,2008年苏州的人均"生态足迹"在我国就处于偏高状态,甚至高于北京与上海,在国际上也接近中等发达国家水平(见表7-4),对生态环境压力较大。

表7-4　2008年苏州与部分国内外城市在人均"生态足迹"方面的比较

国家、地区和城市	人均生态足迹（公顷）	人均生态承载力供给（公顷）	人均生态盈亏（公顷）	GDP足迹（公顷/公顷）
全球	2.763	1.998	−0.765	1.103
美国	10.343	2.721	−7.622	0.365
新加坡	7.187	0.622	−0.565	0.363
中国	1.326	0.779	−0.457	2.037
江苏	2.571	0.700	−1.871	2.571
北京	2.682	0.943	−1.748	1.550
上海	2.242	0.256	−1.986	0.819
天津	0.895	0.385	−0.510	0.592
重庆	1.042	0.303	−0.739	4.998
香港	6.606	0.034	−6.026	0.306
台湾	4.340	0.200	−4.140	0.219
澳门	2.993	0.010	−2.983	0.290
苏州	4.507	0.658	−3.850	0.422

资料来源:苏州科技学院苏州科协软科学项目《苏州市人口的生态承载力问题研究》,2010。

6. 农田支持系统薄弱

农田有着非常重要的生态功能。农田尤其是稻田作为苏州所在江南地区主要的生态支持系统,在苏州生态系统中占据着重要地位,其作用主要体现在:首先,防治洪涝灾害。苏州所在的江南地区地势低,常受洪涝灾害困扰,稻田起到储水与滞洪作用,可以缓解洪涝灾害。据测算,250 万公顷稻田的蓄水量就大约相当于两个太湖,由此可见,稻田是苏州最大的"储水池"和"滞洪库"。其次,防治水土流失。再次,防治地面沉降。另外,稻田还可以涵养水源、缓解热岛效应,改善局部小气候。农田的丧失,其危害并不仅在于粮食的减少,也对苏州生态安全造成了一定威胁。

苏州的城市化速度很快,带来农田的大量减少。以市区而言,在距今 2500 多年时,市区只有 14 平方公里,而目前在仅仅 20 年的时间中,市区建成区就达到几百平方公里,扩张极为迅速,随之大片农田变为建设用地。以 2000 年至 2009 年的 10 年间为例,苏州耕地持续减少,累计减少了 144 万亩[①]。

农田的大量减少,对生态环境无疑会造成一定的负面影响。2011 年,苏州市农用田面积为 500 万亩,耕地面积为 260 万亩,人均耕地面积仅为 0.41 亩。虽然近几年来,苏州政府实施了"四个百万"工程,对土地资源加以严格控制,但农田支持系统仍较为薄弱。

7. 水污染问题比较严重

苏州是我国著名的江南水乡,水是苏州生态系统的一大特色。但总体而言,目前苏州的水污染问题比较严重。饮用水源水质保持基本稳定,但是地表水水质污染控制形势依然严峻,全市主要湖泊水质营养化程度尚未根本好转,比较清澈的河道较少,部分河道污染严重甚至恶化。

2007 年"太湖蓝藻事件"是一个转折点,之前苏州水质每十年下降一个等级。"太湖蓝藻事件"后,有关部门加大了治理力度,水质趋于改善。但近几年只是处于平稳状态,虽没有明显下滑,但水质进一步提高难度也非常大。

8. 生活垃圾处理压力较大

随着人们生活水平的不断提高,苏州生活垃圾的数量越来越大,尤其是在中心城区,更是如此。早在 2009 年《沧浪区污染源普查技术报告》就显示,在该区废水及废水污染物的产生和排放、固体废弃物的产生和排放等污染排放中,

---

① 苏州人大内部资料《苏州市基本农田保护整改情况汇报》,2010。

生活垃圾均占 80%～90%[①]。

目前,生活垃圾问题已经成为棘手问题。与产业垃圾相比,生活垃圾比较分散与复杂,更难处理。生活垃圾问题不仅在苏州,而且在全世界都是一个难题。苏州目前的垃圾处理方式是填埋与焚烧。填埋需要土地,焚烧带来污染问题。因此发达国家比较注重源头处理——即实施垃圾分类处理,以减少填埋总量,提高焚烧效率。很多国家从 20 世纪 60 年代起开始重视和研究垃圾分类收集问题,并于 70 年代逐步开始实施。瑞典、日本、美国、英国、法国、德国、瑞士等国家都先后实施源头分类收集方式,并在实践中逐步趋于完善。例如在德国,城市生活垃圾一般分为废纸、玻璃、包装类垃圾、可生物降解的有机垃圾、有毒有害垃圾、大件垃圾、绿色植物垃圾、其余垃圾等 8 大类。苏州已经实施垃圾分类,但其中存在着一个重要问题:垃圾分类不充分。目前在苏州,对于纳入市场体系的垃圾分类效果尚可。很多家庭习惯将可回收废物出售给废品收购站,"拾荒者"在垃圾收运处理过程中还会进一步对残余可回收废物进行分拣回收。但对于尚未纳入市场体系的垃圾,由于处理设备、设施的限制,总体上讲,只能采用"混合处理"的模式,使得后续处理的难度加大。目前苏州不少社区的垃圾分类设施也存在着缺陷,导致垃圾分类以牺牲居民的方便为代价,加上相关的宣传与教育工作比较薄弱,许多人缺乏垃圾分类的有关知识,因此垃圾分类率较低。由于垃圾缺乏分类,垃圾总量偏大,当前苏州主要的垃圾填埋场的容纳空间已不十分充裕,压力也比较大。

另外,随着人民生活水平的提高,餐饮垃圾的处理也越来越成为棘手问题。目前苏州餐饮单位的餐饮垃圾主要由政府统一收集,收集后运到专门的垃圾处理机构进行处理。另外,餐饮垃圾还可交由政府委托的专门负责餐饮垃圾的生态产业公司或者部门,分类后实现资源回收利用,"变废为宝"。但是不可否认的是,也有部分垃圾被"不法渠道"所吸收,给人们健康造成一定威胁,不仅影响生态环境,同时也造成严重的社会问题。

---

① 沧浪区环保局内部资料《污染源普查技术报告》,2009。

第二节　苏州生态文明建设面临的深层次矛盾

苏州生态文明建设还面临着一些深层次矛盾,主要如下:

1. 政府治理与社会参与之间的矛盾

生态文明建设是一项系统工程,需要政府引领,全社会参与,共同投入。一些发达国家的经验已经诠释了这一点。但是在生态文明建设中,我国目前过于依赖政府治理,社会参与严重不足。苏州也是如此,政府治理与社会参与之间的矛盾较为突出。尽管社会参与目前已经有所起色,但是还仅仅局限在局部环节,尚未全面铺开,和国内外其他一些城市相比,还有所差距;另外,公民的环境意识还不是很强,社会参与的意愿也不是很足,大多数的社会参与属于维权性参与,公益性参与严重不足;同时部分政府工作者也比较反感公众参与,思想上有待进一步解放。在苏州生态文明建设中,政府治理与社会参与的矛盾必须得到解决,否则生态文明建设就会缺乏长效性。

2. 经济发展与生态环境保护之间的矛盾

经济发展与生态环境保护之间的矛盾,是一个老生常谈的问题。尽管生态环境保护从长远上讲有利于经济发展,但是在短期资源有限的情况下,二者之间的取舍是非常艰难的。尽管苏州经济比较发达,但是在很多情况下也受"经济优先"还是"环保优先"的困扰。另外,在我国经济发展的过程中,人们长期注重 GDP,这种思维不是短时间内就可以彻底得到改变的。苏州也不例外,生态文明建设仍将会面临 GDP 思维的影响。

3. 环保是日常生活的部分还是额外付出之间的矛盾

生态文明建设水平与公众的环境意识息息相关。在一些发达国家,公众的环境保护意识较强,环保意识已经"内化"为习惯,成为人们日常生活的组成部分,有大批的环保志愿者参与环境管理事务,整个生态文明程度较高,也就不足为怪了。

但是在苏州,目前公众的环境保护意识还不是很高,环保意识并没有"内化"为日常生活部分,而是人们的额外付出。因此,我们还需要不断提高公众的环境保护意识,这个过程还任重道远。

4. 自身环保与区域环保之间的矛盾

在一个特定的区域内,由于大气、水等要素的流动性,各个组成部分很难

"独善其身"，生态环境保护需要社会各部门协调一致，形成"合力"。但是各个部门容易从自身利益出发，各自为政，影响区域环保的整体质量，这是我国环保事业乃至世界环保事业的一大难点所在。

苏州也是如此，在生态文明建设中，不能"只扫自家门前雪"，还必须融入区域生态文明建设的"大潮"中。但是我国目前区域环保合作机制（包括苏州所在的长三角区域）尚未成型，这一过程同样任重道远。

第八章　苏州生态社区建设

社区是社会的基础,生态社区是生态文明社会的基础。只有建设好生态社区,一个城市的生态文明才能得以夯实。生态社区是一个复杂的工程,苏州应从实际出发,大力推进生态社区建设。

第一节　生态社区的发展历程

综观人类生态社区的发展历程,大致可以分为两个阶段,从19世纪末到20世纪70年代,是注重自然生态阶段;从20世纪70年代至今,是自然生态与人文生态二者并重阶段。

1. 注重自然生态阶段

追求美好的城市生活,是人们的理想。早在古希腊时代,亚里士多德就认为,人们来到城市,是为了生活;人们留在城市,是为了更好地生活。在人类历史上,人们对如何使城市适合人居进行了孜孜不倦的探索,并造就了一些经典范例,至今还脍炙人口。

然而,在工业革命后的一段时间,城市却成为"反生态"与"反人居"的代名词。工业革命开启了城市化的进程,城市人口急剧增加,由于规划的缺乏以及认识水平的有限,一系列的"城市病"开始出现,尤其是生态环境恶化更是给人们的健康带来了巨大威胁。

面对不断恶化的城市环境,人类积极反思,不断探索,希望改变污染严重的局面,使城市适合人居。在这种情况下,生态城市与生态社区应运而生。关于生态社区,国外叫法并不统一,有可持续社区、生态居住社区、绿色社区等多种叫法,但内涵及实质大体相同:在浅层次,要求社区用生态学的原理规划与建设社区,达到节约资源、保护环境以及促进人们健康的目的;在深层次,要求社区的政治、社会、经济、环境以及文化高度耦合,社区具有环境宜人、社会和谐、经济高效的可持续状态。在 20 世纪 70 年代以前,人们对生态社区的追求主要体现在自然生态方面,借助的手段主要是建设与规划。当然,这是一个逐步深化的过程,是一个从理论到实践,再从实践到理论不断提升的过程。

在理论层面,霍华德的田园城市的构想是生态社区的启蒙。1898 年,英国人霍华德撰写了《明日的田园城市》,针对城市化无序扩张带来的生态恶化,霍华德提出了田园城市模式,其中包含居住区的构想。在田园城市中,人与环境比较和谐;城市居住区密度适中,有大量绿化空间;城市不无限扩张,达到一定人口就另辟空间;城市之间有大量的生态用地隔开①……霍华德提出田园城市的构想之后,人类又进行了一系列的探索,20 世纪 20 年代巴洛斯和波尔克等人提出"人类生态学",把生态学思想运用于人类聚落研究。1933 年的《雅典宪章》认为城市应按照居住、工作、游憩等进行功能分区;居住是城市最主要因素;居住区应占据城市最好的位置;应把居住区规划为一个安全、舒适、方便以及宁静的邻里单位。尽管功能分区有着使用效率上的弊端,但在当时的情况下,《雅典宪章》无疑为生态社区的发展做了方向上的引导。20 世纪 60 年代,美国学者麦克哈格出版了《设计结合自然》,强调自然因素在社区土地规划中的作用,探索如何使规划更符合自然规律。② 美国学者奥戈雅出版《设计结合气候:建筑地方主义的生物气候研究》,从人类社区如何适应环境以及如何节约资源与能源的角度进行了积极的探索。③ 这些著作都为生态社区的发展提供了营养与素材。

在实践层面,人们主要从生态布局与规划的维度建设生态社区。在 20 世纪 30、40 年代以后,人们开始利用生态学原理进行社区规划。主要体现在:其一,在建筑上,注重选择节约能源的材料,设计追求结合自然,尽可能节省生化能源,同时也有利于人们的健康。其二,在规划上,注重社区的安全性和多功能性,注重人们休憩的需要,注重以合理的规划节约资源。其三,社区建设注重物质的循环,通过合理的设计,减少废弃物的产生。其四,社区规划注意交通的便利与安全。其五,社区规划注重水资源的节约,通过各种设施,注重雨水回收以及中水的利用。

① [英]埃比尼泽·霍华德.明日的田园城市[M].金经元,译.北京:商务印书馆,2000.

② [美]伊恩·伦诺克斯·麦克哈格.设计结合自然[M].黄经纬,译.天津:天津大学出版社,2006.

③ Victor Olgyay. Design with Climate:Bioclimatic Approach to Architectural Regionalism[M]. Princeton. N. J.:Princeton University Press,1963.

总体而言,在 20 世纪 70 年代以前,无论在理论层面还是在实践层面,生态社区的侧重点在建筑与规划上,人们希望通过合理的建设与规划,达到节约资源、促进健康以及人与自然和谐的目的。

2. 自然生态阶段与人文生态并重阶段

20 世纪 70 年代以后,除了注重自然生态之外,生态社区的发展开始注重人文因素。20 世纪 70 年代后,在罗马俱乐部、斯德哥尔摩会议以及环境运动的影响下,一些发达国家的人们逐渐意识到,要建立起真正意义上的生态社区,仅仅依靠规划等"硬件"是远远不够的,还离不开环境意识、公众参与、生态文化以及社会转型等"软件"条件与人文生态因素的支撑。

在理论层面,1976 年,温哥华联合国首届人居大会提出了反映可持续发展原则的人类住区政策建议以及可持续住区发展的规划、设计、建造和管理模式的具体建议。认为人类住区不仅仅是一群人、一群房屋与一批工作场所,还必须尊重和鼓励反映文化与美学价值的人类住区的多样性,必须为子孙后代保存历史、宗教和考古地区以及具有特殊意义的自然区域。1977 年发表的《马丘比丘宪章》,强调城市规划必须满足人们多功能的生活需要。1996 年 6 月在伊斯坦布尔召开了第二届联合国人类住区会议,大会认为:今后的人类居住地都要逐渐改造成为当代与子孙后代持续发展的基地。可见人们重视自然生态与人文生态二者的结合,并为生态社区理念注入了深刻的人文内涵。

在实践层面,20 世纪 70 年代以后,生态社区的发展出现三个趋势。首先,注重综合体系建设。如加拿大的绿色社区建设已经形成了体系,并由专门的协会来负责推动生态社区建设。美国也形成了一整套的生态社区认定、示范以及培训体系,至 20 世纪末,有几十个城市系统性地开展了生态社区建设活动。其次,注重社会性。生态社区建设注重社区发展、社区规划、邻里互助、居民参与、社区合作等环节。再次,注重指标体系。美国西雅图为建设生态社区制定了科学的指标体系,涵盖环境、人口与资源、经济、青年与教育、健康与社区五个方面。北欧的国家也有比较完善的生态社区指标体系,以检测社区可持续发展的效果,指标一般分为经济、社会发展以及民主民生等大类,每大类下设一些具体指标。

第二节　生态社区的研究状况

与生态社区发展历程相似，人类对生态社区的研究也有一个逐渐完善的过程。从最早侧重建筑与规划的研究，到目前多学科并进，研究不断深化。我国对生态社区研究比较晚，但近些年呈现良好的态势。

1. 国外对生态社区的研究

对生态社区的研究伊始，人们的视角主要集中在建筑与规划方面，注重水资源的利用效率、社区建筑与场地的整合、交通的通达性以及社区循环体系等，并形成了一些较固定的模式与范式，例如西班牙建筑学家马塔的带状城市、美国建筑学家莱特的广亩城市以及法国现代派建筑师柯布西耶的光明城市等。尤其是 20 世纪 60、70 年代，随着科技水平的提高，一些学者希望通过高科技解决生态环境问题，形成了大量的城市与"图式"，其中包含着住区设想，例如"插入城市""树形城市""吊城""双层城市"等，这些图式也渗透了人们对理想生态社区的追求，尽管过于理想化，甚至有些荒唐，但也体现了人们对生态社区的探索。当然，一些研究完全局限在理论的层面，而另外的一些研究则被付诸实践。例如美籍意大利建筑师索拉里在美国亚利桑那州设计了生态建筑阿科桑底（可以称为生态城市，也可以称为生态社区，因为其仅容纳 5000 人口），占地 300 多公顷，整个城市或社区是一个 25 层高 75 米的巨大建筑物，其余大部分土地是生态用地。整个城市或社区通过合理设计与物理学效应，能源与食物完全自给自足。这是一个完全与自然友好的城市或社区，被称为未来城镇的发展方向①。

尽管忽略了文化等其他因素，但就生态环境而言，这个城市或社区确实是尽善尽美的。

20 世纪 70 年代以后，西方国家对生态社区的研究由土地规划、物质环境规划、商业利用向社会空间转变，逐渐关注社会生态问题，例如新都市主义研究如何把居住、工作、商业以及娱乐设施结合在一起，形成一种紧凑的、适合步行的、混合使用的新型社区，达到节约资源、减少环境污染、保护自然环境以及满足人们需要的目的。1985 年，德国建筑师格鲁夫针对都市社区一味追求生活便利与效率而牺牲环境与人性化特色，提出了与环境、人文共生的生态型社区模式。

---

① 黄光宇，陈勇.生态城市理论与规划设计方法[M].北京:科学出版社,2002.

20 世纪 80、90 年代以来,西方国家对生态社区的研究出现了多学科交融的局面。学者们从生态学、经济学、建筑学、文化学、心理学等学科,对生态社区进行了深入的研究。另外,还出现了从各种交叉学科如社会生态学、环境心理学以及社会地理学等维度,对生态社区进行研究的态势,例如环境心理学研究社区各种物理设施对人心理产生的影响,社会地理学研究社区空间形成与变化的社会影响因素。这些研究成果运用到生态社区发展上,对生态社区更好地满足人们的需求,起到了重要作用。

2. 我国对生态社区的研究

我国对生态社区的研究起步比西方国家晚,但发展势头较快。由于具有"后发效应",从 20 世纪 90 年代起,我国的研究呈现出多学科并进的局面,呈现如火如荼的态势。例如王丽洁等从绿化设计的角度研究生态社区[1];陈娟从雨水与中水回收利用角度研究生态社区[2];马静颖等从食物垃圾处理的角度研究生态社区[3];李伟等从管道系统的角度研究生态社区[4];杨芸和祝龙彪从生态学原理出发,从生态社区的规模、生态社区的物流、绿地系统的建设以及生态材料等角度,研究生态社区[5];沈清基从社会生态角度(密度关系、竞争关系、共生关系)研究生态社区,指出生态社区社会关系具有无形性、时代性、人造性等特点,并对如何完善生态关系提出了建议[6];肖晓春则认为生态社区涉及两个领域,一个领域是"硬环境",即天、地、水等自然要素;另一个领域是"软环境",即人的环境意识。环境社会组织在生态社区软环境中的作用是不可替代的,相对于政府而言,环境社会组织有自身的优势[7];张涛从生态文化角度研究生态社区,认为生态文化对生态社区的意义重大,并分析社区生态文化存在的问题[8];黄文超从人性化空间角度研究生态社区,并对人性化空间进行了具体的量化[9]。

① 王丽洁. 对生态小区绿化设计的思考[J]. 四川建筑科学研究,2009(4).
② 陈娟. 绿色生态小区雨水利用研究[J]. 住宅科技,2004(10).
③ 马静颖. 生态小区建设中食物垃圾处理技术[J]. 环境科技,2008(5).
④ 李伟. 生态小区的管道直饮水系统[J]. 住宅科技,2003(8).
⑤ 杨芸,祝龙彪. 建设生态社区的若干思考[J]. 重庆环境科学,1999(5).
⑥ 沈清基. 生态住区社会生态关系思考[J]. 城市规划汇刊,2003(3).
⑦ 肖晓春,等. 民间环保组织与生态社区建设[J]. 生态经济,2006(7).
⑧ 张涛. 生态社区及社区生态文化建设初探[J]. 甘肃科技纵横,2008(5).
⑨ 黄文超. 谈生态住区与人性化空间[J]. 山西建筑,2005(18).

第三节　生态社区的基本特征

生态社区不仅注重自然生态,同时也注重人文生态,总体特征如下:

1. 布局合理

生态社区是一个以"生态"为目的的社区,而生态意味着节约土地资源与能源。尤其在城市中,土地资源十分宝贵。坚持合理布局的原则,以保护宝贵的土地资源,这是生态社区的应有之意。因此,在土地开发与利用上,生态社区通过适当的容积率、紧凑度及人口密度来形成有活力的社区,并提高土地与基础设施的利用效率。在社区内部,生态社区通过合理分配住宅用地、公共服务设施用地、公共绿地以及道路用地之间的比例,以提高效率,达到节约土地的效果。

生态社区合理布局还体现在人文生态上,即布局与人性相契合。而人性是人际交往性与私密性的辩证统一,一个生态社区在空间上必然是私密性与公共性的统一。公共性要求有公共空间支撑,而私密性要求有私密空间保证,一个生态社区应实现公共空间—半公共空间—半私密空间—私密空间的合理过渡。

2. 环境保护

生态意味着环境保护,生态社区是一个注重环境保护的社区,环境保护应渗透到社区的开发、建设以及运行等每一个环节,具体而言如下。

一是生态社区设计的原则与出发点是 3R,即 reduce(减少不利)、reuse(重复使用)和 recycle(循环使用)。

二是生态社区在选址、布局方面要尽可能地顺应自然,尽可能减少对环境的破坏。

三是生态社区实施全面的节水设计,在设施上体现对水资源的节约。国外一些生态社区已经实现水资源的内循环以及回收利用,如果达不到这一点,至少也要做到对水资源节约利用,例如使用低容量抽水马桶;全面推行节水龙头;家庭废水经处理用于冲厕;采用生活污水处理后回用的方式,生活污水经过中水站处理,用于小区内的清洁、绿化、洗车等。

四是在社区建造过程中,生态社区使用环保材料、绿色材料以及再生型材料,以减少环境的负担。

五是生态社区里住户的户型设计要充分结合自然,减少能源的消耗,通风与采光方面要尽可能地利用自然,以减少空调等人工设施的使用。

六是生态社区装置太阳能,充分利用太阳能这种可再生且没有污染的能源。

七是生态社区实施垃圾回收,建立垃圾分类回收制度,并提供相应的设施支撑。回收垃圾的一部分用做社区养花、种树材料,自然分解一部分,以减轻生态环境的负担。

3．绿化体系

绿化是生态的一个重要方面,生态社区的一个重要层面就是绿化。绿化对社区而言,意义十分重大。一是净化空气;二是减弱噪音;三是调节温度。生态社区的绿化应当形成一种体系,首先,社区应有一个相对较大的绿化空间,这种绿化应与社区公共空间结合起来。其次,社区应发展庭院绿化。庭院绿化则可以采取多种形式,因地制宜。如新加坡在水泥路面留有许多小孔,由孔中生出草,将路面覆盖;巴西设计出一种空心砖,里面填充草籽、树胶与土壤,把它砌在墙的外层,草籽发芽生长后,整个墙就变成郁郁葱葱的"生态墙";日本直接开发出"绿色混凝土",可以直接种植植物;美国纽约的不少楼顶顶层全部绿化,建起"空中花园"。总之,应"见缝插绿"。

4．功能混合

生态社区是一个充分满足人们需要的社区,因此必然是一个功能混合的社区。美国人本主义城市规划理论家雅各布斯强调社区应具有组织的复杂性,应鼓励土地、建筑物与建筑群的混合使用。从社会学的角度来看,混合的功用有助于人们的接触、交往,增加城市的宜人气氛和安全感;从经济学的角度来看,混合的功用能够让人们对城市公共设施实现充分有效的使用;从生态学的角度来看,混合使用有利于提高使用效率,提高使用效率也就意味着能够节约资源与能源。

生态社区如何实现功能混合呢? 这其中包括几个层面:一是建筑的多功能,一座建筑,既可以用于居住,又可以用于商业;二是空间的多功能,一个小广场,既可以晨练,又可以做社区活动场所;三是使用者多元化,社区的设施为社区所有人服务;四是功能多元。社区中或者社区之间住宅和商店、学校等企事业单位以及公共设施等居民在生活中不可缺少的各项设施与活动场所,形成多功能的综合体。

5．安全至上

安全是人的最基本需求之一,没有安全也就没有生态,因此安全是生态社区不可缺失的重要环节。社区安全性的获得,首先要有相关维护安全的设施。社区必须有防灾的设施与设备,以便防火、防震、防雷、防交通事故(通过合理设计),使居民有充分的安全感。另外,社区应通过红外线监控以及社区网络报警等设施,将盗窃、抢劫等犯罪降低至最低程度。同时,社区还应通过无障碍设施等,保障残疾人、老年人、孕妇、儿童等社会成员的安全。

社区安全性的获得,还必须有"人脉"。雅各布斯曾经用社会学的方法研究街道空间的安全性,论证了城市时间、空间利用与减少城市犯罪之间的关系。她认为时间与空间连续利用的城市,经常保持流动的人潮,等于在不同的时段都在对有犯罪动机的人实施监控,使他们往往有所顾忌①。

雅各布斯据此发展了所谓"街道眼"的概念,主张保持小尺度的街区和街道上的各种小店铺,同时在时间上保持活动的连续性,用以增加街道生活中人们相互见面的机会,从而增强街道的安全感,这从社区组织建设以及人际关系角度给了生态社区建设以保障。

6. 文脉延续

生态社区的兴建,必须考虑其业已存在的地域性框架结构,处理好与历史遗产的辩证关系,应当挖掘当地的文脉并有机地融入社区整体景观之中。在这方面,苏州的做法就值得借鉴。苏州旧城区以传统文化为主题,一些古城区的新建小区切合古城区的城市文脉,在建筑式样、颜色等方面与古城区传统式样与色调保持一致,新型的"灰黛白"风格与老"灰黛白"风格相得益彰。

7. 公众参与

社区生态质量的好坏,离不开公众参与,公众参与在生态社区建设中发挥着重要作用,是生态社区不可或缺的重要环节。首先,居民在城市社区中"生于斯,长于斯",他们对社区的熟悉程度远比外来者要强得多,对如何合理利用资源保护环境,有着比外来者更清晰的"图式",公众参与生态社区建设,集思广益,可以更好地促进社区的建设与发展,从而最大限度地满足居民的需要。其次,公众参与不仅对社区环保意义重大,同时也是公民社会建设的要求,二者之间相辅相成、相互促进。

8. 资源共享

一个真正的生态社区,是一个开放的社区,而不是一个封闭的社区。从生态系统的角度看,任何一个生态单位,都不能"独善其身",而是与其他单位耦合

---

① Jane Jacobs. The Death and Life of Great American Cities[M]. NewYork:Vintage,1961.

与互动的。生态社区也是如此,必须与其他单位以及更大的单位之间进行合理的物质循环、能量流动与信息传递,系统才能健康地发展。生态社区与其他单位之间资源共享,就是这一过程的体现。生态社区与其他单位之间资源共享,可以表现为设施的共享、人力资源的共享以及信息资源的共享,这种共享可以大大降低社区的运行成本,节约资源与能源,这正是生态社区建设的目标所在。同时,这种共享可以使更多的人受益,这也恰恰是生态社区建设的另一重要目标所在。

　　9.社会资本

　　生态社区不只是一个单纯的地理场所,更是一个饱含情感的场域。社区具有三要素:一定的空间、一定的人口以及共同的情感。生态社区是社区的一种高级形态,当然离不开共同的情感。在生态社区中,环境优美以及人与自然亲和是基础,在这个基础上,生态社区需要居民间有着共同的情感,具有丰厚的社会资本。优美的环境以及在环保中的合作,促使社区居民生成社会资本,而社会资本的形成又有利于社区环境的维护,二者相辅相成,满足人们的多维需要。这样自然生态与人文生态交相辉映,共同使生态社区成为人们的理想居住地。

第四节　生态社区建设的"他山之石"

　　发达国家生态社区起步较早,因此发展比较成型,在利用自然、节约能源、物质循环、利用中水等方面,有很多宝贵的经验。由于案例较多,不一一列举。这里仅举一例——英国伦敦拜得零耗能小区。

　　拜得零耗能小区包括82套联体式住宅和2500平方米社区公共实施用地(包括工作室、办公室、健康中心、幼托中心、咖啡厅等),该小区获得2000年英国皇家建筑协会"可持续建设最佳范例奖"。小区的特色如下:

　　首先,充分利用宗地,即城市中已经开发过,但目前处于闲置状态的土地,以节约土地资源。其次,绿色交通。以减少小汽车为目标,社区提供一定的就业场所与服务设施,以减少居民出行需求。社区提供良好的公共交通联系,包括两条铁路站点、两条公交路线和一条有轨电车线路。社区提供替代小汽车的选择,如小汽车共享等。再次,保护水资源。社区通过节水设施和利用中水、雨水,减少居民1/3自来水的消耗。停车场采用多孔渗水材料,减少地表水流失。社区通过小规模污水处理器系统就地处理污水,将废水处理为可循环利用的中水。最后,有效利用能源。社区的热与电来自综合热电厂,主要以当地的废木料为燃料,既利用再生资源,又减少垃圾填埋的压力①。

国内生态社区建设得比较好的是山东潍坊,主要致力于低碳社区打造环节,偏重"硬件"。早在2010年,潍坊就开始推出低碳社区。主要偏重硬件建设,实施"6+X"模式。"6"就是强制推行太阳能光热建筑一体化、墙体保温材料与节能门窗、供热分户计量装置、节能照明产品、地源热泵新技术和绿化率达到35%以上;"X"就是根据实际,应用太阳能光伏与LED结合照明系统、太阳能与地源热能结合系统、智能新风系统、雨水收集及利用、污水处理及中水回收利用、新型围护结构技术、太阳能光伏建筑一体化技术、沼气应用、环保地砖等新技术,开发企业可以任选一种或多种。"6+X"模式简单形容就是"冲厕用中水,取暖不用煤,公共照明用太阳能"。低碳社区节约环保又不增添居民生活成本,从长远看,低碳住宅比普通住宅节水30%,节约取暖费用近50%,大大减少了居住者的生活开支。

为了推进低碳社区建设,潍坊对开发商实施了激励政策,主要有:一是实施配套费返还,每平方米返还200元。二是市财政每年拿出2000万元专项资金,采取"以奖代补"的方式进行扶持。三是建立低碳社区建设"绿色通道",在图纸审查、施工许可、预售监管、房产登记等环节,派专人"对口服务"。四是降低规费收缴比例,对建设单位可适当减免图纸审查费、住房质量保修金等费用。五是对申报低碳社区的社区,验收后给予低碳社区称号。潍坊对购房居民也实施了激励政策,例如对购买低碳社区项目的购房者,可在缴纳物业维修基金、房屋登记费、交易手续费等费用时给予一定的优惠等。潍坊还把低碳社区建设纳入市、县、区科学发展综合考核范围,每建成一个低碳社区奖励50分,从政府层面有效调动各级政府建设低碳社区的积极性。

2011年,潍坊成功申报国家可再生能源建筑应用示范城市,荣获中国人居环境奖。2013年,潍坊通过住房和城乡建设部与美国能源部联合组织的中外专家评审,与山东省日照市,河南省鹤壁市、济源市,安徽省合肥市一并被确定为第一批中美低碳生态试点城市。

---

① 翁奕城.国外生态社区的发展趋势及对我国的启示[J].建筑学报,2006(4).

第五节 苏州生态社区建设现状

苏州的生态社区建设取得了较大成就,主要体现在新旧社区两个维度。对待旧社区,苏州实施"老新村改造";对待新建社区,高起点进行生态化建设。

1. "老新村改造"

为了改善老新村居民的居住条件,苏州致力"老新村改造"工程。苏州的老新村主要是在 20 世纪 70、80 年代由于城市用地向外发展而在城市中心区外围建造的居住区,当时主要是为了缓解古城区压力,向古城区外围疏导人口提供新的空间。但是随着城市的快速发展以及人民生活功能的拓展,老新村的居住生活环境日益退化。苏州 2005 年起开始全面实施"老新村改造"计划,改建道路、清理环境、优化立面、完善设施等。苏州的"老新村改造"没有采取大规模拆除重建的改造方法,而是采取小规模循序渐进的更新改造方式,以物质空间改造为基础,配合经济、社会、人口及政策管理等多方面的措施,彰显一种和谐发展的更新改造理念。

2. 新建社区的生态化建设

近些年来,苏州在新建社区中贯彻生态化原则,主要采取的做法是:其一,部分社区采用先进的太阳能集中供热水系统,节省能源。其二,一些社区注重生态化设计,设计结合自然与气候,部分社区甚至夏天不用空调。其三,自 2009 年开始,苏州市推广绿色建筑工作发展迅速。近两年,苏州市绿色建筑发展已经由点到面,取得了跳跃式发展,绿色建筑规模不断扩大,绿色建筑的数量居全省第一。其四,一些社区注重水与社区结合,通过水景设计美化社区,达到生态与美学的有机结合。其五,一些社区注重文化与生态结合,在生态设计中渗透文化元素,使文化与生态相结合。

苏州不仅在新建社区中贯彻生态化原则,而且还打造大型生态社区——高新区西部生态城。高新区西部生态城规划面积约 42 平方公里。环境标准较高,例如污水处理率达到 100%,绿化覆盖率超 45%,PM2.5 年均浓度不超过 15 微克/立方米,区域河道水质达到 Ⅲ 类水要求。西部生态城的一个品牌特色是低碳小镇,充分把生态原则充分贯穿到社区设计中:家用电器不用电,全靠太阳能屋顶发电;照明灯可以捕捉阳光进行照明;餐厨垃圾处理后,直接作为小区的绿化肥料。

第六节　苏州生态社区建设的设想

　　为了更好地推动苏州生态社区建设,苏州首先应当建立一套科学化的评估指标体系,并将其运用到实践之中。

　　1. 评价指标体系

　　为了全面推动苏州生态社区建设,制定科学的评估指标体系非常重要。生态社区指标体系应包括"硬件"与"软件"两个方面。根据苏州的现状以及我国的现有指标体系,尝试提出生态社区指标框架如下(表8-1):

表8-1　苏州生态社区指标框架

一级指标	二级指标
自然环境	绿地情况
	社区内部空气状况
建筑	建筑密度
	噪声情况
环境基础设施	生活垃圾处理
	再生水利用率
	节水器材与设备使用
	社区配套健康设施
	生活设施的完善程度
居民环保意识	垃圾分类意识
	宠物文明饲养
	公众参与环保状况
	绿色出行情况
	人均水资源消耗
	居民的环境知识水平
管理服务	社区安全状况
	社区环境卫生满意率
	环境宣传与教育
	环境公益活动
	社区内交通状况

2．评估实施细则

我国以前实施过绿色社区（类似于生态社区）。但是其中弊端比较明显。首先，因为绿色社区开出的条件比较高，容易挫伤社区居民的积极性，也使大多数社区"望尘莫及"。其次，入选的社区本身条件比较好，同时也得到了更多资助，"锦上添花"的成分较多，而真正需要"雪中送炭"的社区却难以得到资助，有失公允。

苏州生态社区建设必须遵循以下原则：首先，本着自愿原则，由社区自己申报。要有"双轨考核机制"。一方面，得分较高的社区应当予以奖励；另一方面，更要奖励那些进步较快的社区。如果只奖励那些做得最好的，有些社区由于"先天条件"所限，永远也没有可能拿到奖励，因此这些社区就会失去动力。其次，奖励应本着"小额面大"的原则——基层社区比较看重荣誉，荣誉容易调动基层社区的积极性。基于这一前提，生态社区的奖励应注重一定的覆盖面，但单笔资助金额不一定很大，这样更容易调动广大社区的积极性。但是也要掌握一个度，奖励面也不易过大，过大也会使基层社区认为其是流于形式，丧失积极性。

第七节　苏州农民集中居住社区的生态社区建设

近些年来，随着城市化进程的加快，苏州大量涌现农民集中居住社区（仅超过 5000 人的大型农民集中居住区就有几百个），农民集中居住社区是一种特殊形态的社区，既不同于传统的农村社区，也不同于现代的城市社区，其产生了诸多生态环境问题（社会问题），农民集中居住社区生态社区建设是苏州生态社区建设重要环节。

1．集中居住从本质上有利于社区生态环境保护

农民集中居住社区改变了原有农村人口分散的格局，在人口实现集中的同时，也来了诸多的生态效益，有利于生态环境保护，主要体现在：

一是有利于资源的节约。集中居住能够导致资源使用的规模效益，有利于节约资源。例如在使用基础设施与公共资源方面，人数越多，资源的利用效率就越高，浪费也就越少。"人口、资源和垃圾的集中能够产生规模经济效应，使得垃圾回收利用、公共交通和集中供热，都成为可能。这是一种可持续性发展

乘法效应,这种效应在人口稀疏的居住地根本不可能实现。"①通过在苏州相关集中居住社区的调研发现,在集中居住以后,不少社区的自来水、公共设施的利用效率等都大大提高,资源得以大大节约,这是有利于生态环境保护的。

二是有利于污染的集中处理。集中居住以前,农民是相对分散居住的,与分散居住相伴的是乡镇工业的分散布局,也就出现了"村村点火、户户冒烟"的尴尬。"村村点火、户户冒烟"这种面源污染治理起来难度极大,同时治理成本也很高。集中居住带来了工业布局的相对集中,原有的村企业全部集中到特定的工业园中,好处是显而易见的:从空间角度,相关污染可以实现集中治理;从经济角度,集中治理又有着效率上的优势,例如许多企业共用一个污水处理厂,每家企业所摊的成本并不是很多,同时有一定数量企业的支撑,污水处理厂的运营又有了收益上的保障。苏州农村地区原来以"村村点火、户户冒烟"的"苏南模式"而著称,集中居住以后,环境状况大大改观。

三是有利于发展循环经济。集中居住使人口规模增加,为回收利用资源创造了一定的条件,尤其在工业环节更是如此。循环经济需要相对多样化的产业,这样一个产业的"废料"才有可能成为另一个产业的原料,才能形成合理的"工业食物链",从而降低资源的消耗,减少污染的排放。显然,与以往居住分散以及工业分散相比,集中居住以及所相伴的产业集中更有利于发展循环经济。

四是有利于土地的合理利用。集中居住也使土地利用趋于合理。与分散居住相比,集中居住相当于将原有的土地进行合理的功能分区,使土地资源得到合理利用,同时也带来极大的生态效益。首先,人口集中居住,使土地资源得到极大的节约。集中居住使土地利用由"平面"向适度"立体"发展,有效节约了土地。其次,集中居住带来企业布局的集中,企业布局的集中也在一定程度上节省了土地,且方便了设施的共享。再次,集中居住后,农业也得到了集中,即向农业园区集中。农业园区具有一定的规模性,能够产生一定的规模效益,显然比原先分散格局下的土地有着更高的生产效率与生态效益。目前,苏州市一些集中居住社区的居住形态已经接近城市,通过土地置换节省了大量的土地,同时工业园区以及农业园区都体现了一定的规模效益,土地利用效率比以往大大提高。

2. 集中居住也给社区生态环境保护带来一定的挑战

从总体上说,集中居住能够带来很大的生态效益。但同时也必须看到,集

---

① 威廉·里斯.脆弱的城市何以实现可持续发展——基于生态足迹视角的分析[J].宋言奇,译.江海学刊,2006(4).

中居住不仅意味着空间形态的变化,同时也意味着生存方式的改变,必然使生态环境保护的内容发生变化。加之一些人在认识方面的不足,集中居住也给社区生态环境保护带来一定的挑战,主要表现在:

一是加剧垃圾问题。在分散居住时代,农村社区中的垃圾问题不是十分严重,大部分垃圾可以实现循环。但随着集中居住的不断深化,生活垃圾问题日益严重。苏州一些集中社区的人口已经接近或者超过10000,不少社区每天产生大量的垃圾与废弃物,垃圾处理循环机制很难实现,垃圾处理方式基本上与城市相同,即由社区收集,焚烧后拉到填埋场集中填埋。整个区域的垃圾处理压力可想而知。

二是引发一些区容卫生问题。集中居住以后,社区区容卫生状况成为生态环境保护中的重要环节。但在有些社区,区容卫生状况并不理想,出现了滥用空间、毁坏绿化、偷养家禽以及"流浪猫""流浪狗"泛滥等问题。这些问题不仅事关区容卫生,甚至事关居民的健康与安全。

这些问题的出现都与集中居住的空间变化有关,通过苏州相关社区的实地调研,分析其主要成因有二:首先,集中居住与农民行为不相耦合。农民在原来分散居住的时候,早就形成了一些特有的行为模式,集中居住后,这些特有的行为模式一下子难以改变,从而引发矛盾。例如农民习惯于在自家房前屋后有一块菜地,时常去耕种侍弄,而新聚居点没有这样的菜地,他们时常感到无所适从,尤其是一些老年人,更是感到百无聊赖,有时就毁坏绿化去种菜;农民习惯养家禽家畜,而新聚居点没有这种空间,于是就有偷养家禽家畜破坏区容现象的发生;农民原先分散居住时养的猫、狗等,由于集中居住而被抛弃,造成了"流浪猫""流浪狗"泛滥的现象……相对密的人口布局与农民传统的生活习惯如何耦合,已经成为一个不容回避的重要问题,不仅引起规划学者的注意,而且也引起社会学者的关注。其次,集中居住使得人际环境发生了巨大变化,也使人们部分行为模式发生改变。原来分散居住时,人们彼此熟识,人们的行为在很大程度上受社区舆论的控制。集中居住后,人口剧增,人们一定程度上处于匿名状态,社区舆论与道德体系难以调控人们的行为,导致了很多行为的"失范"。

三是造成局部污染加重问题。集中居住带来工业布局的集中,克服了"村村点火、户户冒烟"的面源污染局面,有利于社区环保,这是毋庸置疑的。但是如果规划不得力,工业集中也能造成比较大的污染,尤其造成局部地区污染加重,部分居民比原来分散居住时承受更多的污染。这其中有很多问题值得考虑,例如各种工业的配置问题、工业区与居住区的布局问题、局部生态阈值问题等。而目前在集中居住过程中，不少地方对上述相关问题的重视程度还不是很够，从而给人们的生产与生活造成一定的负面影响。

四是带来炫耀性消费等问题。集中居住意味着农民的生活改善以及城乡生活方式一体化，同时也带来了炫耀性消费与奢侈性消费等问题，对资源与能源是一个极大的挑战。其中的机理在于：集中居住使人群聚集，空间的改变必然引发社会层面的变化，在消费方式层面，人们相互之间更容易形成攀比效应与带动效应。对资源与能源的影响是不可忽略的。

3. 集中居住社区建设生态社区的思路

总体来说，集中居住对社区生态环境保护是有利的。对于集中居住过程中出现的问题，苏州应采取积极措施，加以解决。以下环节是必不可少的：

一是加强环境保护的宣传与教育。生态环境保护是一个复杂的社会工程，但核心是人的问题，人的素质与意识是环保中最重要的因素。尤其对于集中居住社区来说，更是如此，很多问题与居民的环境保护素质与环境保护意识低下有关，如乱扔垃圾、破坏区容卫生以及攀比消费等。只有提高居民的环境保护素质与环境保护意识，这些问题才能从根本上得到避免与克服。有鉴于此，社区应当加大环境保护的宣传与教育力度，通过发放宣传单、社区橱窗展示、举办社区讲座以及进行"同伴教育"等多种形式，推进环境保护宣传与教育。

二是实施生态农业。针对社区垃圾问题，当前可以在农业园区发展生态农业，以循环部分垃圾。集中居住使农业向农业园区集中，农业实现了规模经营，这从客观上讲是有利于发展生态农业的——社区产生的一些垃圾废弃物，部分可以再循环到农业园之中。当前在集中居住农业园区的发展过程中，苏州很多社区都提出了生态农业的口号，但是对生态农业的理解还比较狭隘——更多重视的是农业结构的调整（种植市场上销路比较好的蔬菜与瓜果）以及尽量少用化肥与农药，但对垃圾还田还不是太关注甚至根本没有关注。其实，除了农业结构的调整以及少用化肥与农药之外，垃圾还田更应是生态农业的精髓，其生态效益更大。如果缺乏垃圾还田的话，所谓的生态农业就是不完整与不科学的。因此今后如何使更多的垃圾还田，是我们必须努力研究的方向。有关部门应在大力提倡垃圾还田的基础上，出台相应的激励措施，如对垃圾还田或者对使用堆肥给予一定的奖励与补贴，并使之制度化。这样才能调动人们的理性，引导垃圾还田，发展生态农业，取得更大的生态效益。

三是实行垃圾分类。集中居住产生了垃圾问题。当前我们可以通过垃圾分类，减少垃圾总量。要实现这一点，首先，上级政府以及社区应提供必要的分类设施,这是垃圾分类的基础。其次,应配备必要的人力资源进行垃圾分类工作。目前苏州大多数集中社区虽然都有保洁员,但其工作的重点是收拾垃圾并不是分类垃圾。再次,应通过相关的宣传与教育,引导人们对垃圾进行分类。

四是开展节约型社区建设。当前在集中居住社区中,应开展节约型社区建设活动,推进资源与能源的节约利用。首先,社区的各种公共设施如路灯等,应使用节能产品。其次,各级政府与社区部门应通过集体补贴的形式,鼓励居民使用节能产品与使用可再生能源的产品,如使用节能灯泡和太阳能热水器等。再次,应在社区考核机制中加大环保因素的考核力度,把资源节约作为重要的考核指标,并合理量化,以激励社区人人节约资源与能源。

五是加强村容卫生制度建设。集中居住使区容卫生面临挑战。目前应强化制度化管理,以塑造良好的区容卫生。为此应逐步健全区容卫生管理的相关细则,加强管理。当前苏州不少集中社区都有村规民约(社区公约),其中对区容卫生方面也进行了规定。但大多数社区的村规民约(社区公约)对区容卫生只是做了方向性的描述,对于管理来说是远远不够的,还必须出台细节性的举措,充分体现利益引导与惩戒机制,规范人们的行为。

六是科学规划。"医生的失误使病人长眠地下,规划师的失误使遗憾永留人间。"对于集中居住社区而言,规划环节十分重要。好的规划可以带来一系列的经济、社会以及生态效益,而差的规划则恰恰相反。因此,相关部门应在注重总体效益的前提下,加强生态规划环节,利用科学的规划,解决相关生态环境问题,尤其是克服局部污染问题。

七是利用居民自身资源推进社区环保事业。我们还应看到,社区环保关系到社区居民的福利,因此还应充分调动社区居民自身的积极性,保护社区生态环境。首先,管理者可以把一些公共绿化空间承包给相关居民看护,不仅给居民一定的收入,同时还培养了他们的责任心,另外也可以达到维护绿化空间的目的,可谓一举三得。其次,社区应积极鼓励志愿者队伍,利用这部分力量保护社区生态环境,尤其对于一些热心于社区公益事业的老年人,应调动他们的积极性,发挥他们的余热。

第九章　苏州社区居民参与环境管理

生态文明建设是一个系统工程，不仅仅需要政府的投入，还需要社区居民的参与，社区居民参与是生态社区中的重要部分。目前在苏州，社区居民参与环境管理已经如火如荼的展开，但仍存在着一定的不足。为此需要进一步加强。

第一节　国外社区居民参与环境管理状况

社区居民参与环境管理是全球生态环境保护的重要环节，在各国的生态环境保护中发挥了重要作用，主要体现在以下方面。

1. 社区居民参与环境管理的领域日益拓展

工业革命前后的很长一段时间内，在环境管理中，社区居民参与的领域还仅仅局限于生态公共地的管理（例如对公共山林与公共湖泊的管理）与社区环境基础设施的利用（例如对公共灌溉设施的利用）等领域。但在当今世界，社区居民参与环境管理的领域不断得以拓展。尤其在一些发达国家，更是如此，除了生态公共地的管理以及社区环境基础设施的利用等领域以外，社区居民还参与以下环境管理的领域：

一是环境预警领域。在一些发达国家，社区居民在环境污染的预警中发挥了重要作用。社区居民利用与企业地域临近的优势，收集企业的某些实时数据，向政府提供企业动态的或瞬时的图片与录像资料，促使政府关注企业早期的污染行为，采取有效措施"防患于未然"。

二是环境监督领域。相比政府而言，社区居民的环境监督成本是极低的，因为社区居民的许多监督都是一种"顺便的"监督，不需要额外的成本。而且由于很多生态环境问题都关乎居民利益，因此社区居民也有着足够的监督动机。

正是基于这一优势,近些年来在很多国家中(包括发达国家与发展中国家),社区居民在环境监督领域发挥了重要的作用。在社区水质问题、土地保护问题等多个问题上,社区居民的监督作用是无处不在的。在企业排污环节上,社区居民也发挥了较强的监督作用。

三是环境教育领域。目前在不少发达国家,社区环境教育开展得如火如荼。社区志愿者利用各种形式宣传生态环境保护知识与理念,这对于公民环境意识的提高,是大有好处的。

四是环境维权领域。在应对外界污染侵害时,社会居民最好的策略就是组织起来,以集体力量进行抗争。因此近些年来,社区居民在环境维权领域也起着越来越重要的作用。一个经典的案例是美国 G/W 社区反抗垃圾焚烧炉事件。G/W 社区坐落于美国纽约市布鲁克林区西北部,有大约 16 万居民。社区居民种族复杂,有犹太人、波兰人、多米尼加人以及其他的加勒比移民等。社区居民社会经济地位相对较低,35.7% 的居民处于贫困线以下,这是一个典型的弱势群体的社区。社区的生态环境状况也比较糟糕,社区建有 20 多个固体废品转移站,1 个放射性废弃物储存设施以及 30 个储存极其危险的废弃物设施。更为不利的是,当地政府还要在社区中再建立一个垃圾焚化炉,这对社区居民的健康产生了巨大的威胁,对本来就已经不乐观的居住环境雪上加霜。基于对共同利益的追求,社区中各个种族联合起来,成立了多种族的环境合作组织,取名为环境社区联盟。这个组织不仅阻止了垃圾焚化炉的建造,而且还用法律手段促使政府遵守社区联邦净水行动规章,大大改善了社区的生存环境。

2. 传统知识与经验越来越被整合进现代社区环境管理之中

在不少国家,社区居民依赖历史遗留下来的传统知识与经验进行"自我管理",从而对生态环境加以保护。这种传统知识与经验是经过一定时间沉淀并不断试错的产物,由于是内生的,因此在效率以及本土适应性方面具有一定的优势。一段时期以来,不少国家试图以现代化的管理知识与手段替代这些传统社区知识与经验,但是效果却非常不理想。主要原因在于现代化的管理知识与手段往往偏离了社区的实际情况,破坏社区的内在秩序。例如在许多发展中国家,大规模的灌溉系统是基础设施中效率最低的环节。这其中的原因何在?答案就在于现代化的管理知识与手段盲目代替了社区的传统知识与经验。在这些国家中,社区本土化小规模的灌溉系统往往具有较高的效率,因为它们是融合社区智慧不断试错的产物,其中的规则与秩序既符合效率原则,又保证了公平原则。而政府大规模的灌溉系统是外生的,往往不能切合社区的实际。因此大型高级的灌溉设施建好了，社区本土化小规模的灌溉系统原有的规则与秩序也就被破坏了，例如原先位于渠首与渠尾的人之间就出现了信息的不对称，这种不对称加剧了集体行动的困境。在大型灌溉系统中，除非渠首的人所需要的用以获得水资源的劳动量大于他们能够自己提供的劳动量，否则渠首的人就有倾向利用其地理上的比较优势来牺牲渠尾的人的利益，显然这种激励是不科学的，效果可想而知。因此大型灌溉系统若想真正发挥作用，就必须采取多层次方法，把一些小型灌溉系统的知识与经验嫁接过去，与小型灌溉系统相互耦合，并让社区自我管理在其中发挥积极作用，这才是解决问题的根本所在。

有鉴于此，近些年来，在社区资源利用与生态环境保护方面，很多国家注意把传统知识与经验整合进现代环境管理中，以求降低环境管理成本，提高效率。例如目前，美国在环境健康方面开展了一项以社区为基础的参与性研究——GBPR。GBPR 的目的就是将环境健康方面的专业技术与传统社区的相关知识结合起来，以定义相关环境健康问题，搜集并分析环境健康数据以及对环境健康相关分析结果进行评估，从而为环境健康管理提供依据。目前在加拿大的水资源管理计划 WUP 中，参与者包括地方市民、土著居民代表、环境组织、资源使用者、地方政府以及协调机构等。即使是其核心组织技术小组委员会也是混合组成的，其中既有鱼类或野生生物专家，也有对这个领域感兴趣的市民，还有以水资源为生的土著人。这样的组织结构不仅能够保证利益的多元化与折中性，还能保证现代科技知识与本土意识的有机结合。把传统知识与经验整合进现代环境管理中，也是欧洲各国与澳大利亚社区生态环境保护的普遍做法。在这些国家的土地以及水资源使用中，传统知识与经验被充分利用，并且与现代环境管理知识和手段有机结合，相得益彰。

即使在发展中国家，目前，一些社区本土化知识与经验也在一定程度上被整合进现代环境管理之中。例如博茨瓦纳喀拉哈里荒漠草原中有一片生态脆弱地区，主要是猎人打猎区以及牛群畜牧用地。在这个区域内，关于土地与资源利用一度出现了许多冲突：畜群的出现破坏了庄稼以及草原，牧区偶尔出现的耕作行为又破坏了牲畜的牧草，正在增长的旅游业又破坏了当地的生态资源，而附近的自然保护区出现的野生动物有时咬死牧群中的牲畜，整个用地处于一种无组织的混乱状态。面临这种情况，当事人之间充满了冲突与矛盾，可以说纠纷不断。为了解决日益发生的矛盾，当地政府力图通过合理的规划，将有各种不同需求的用户之间的矛盾减少为最小。在规划中，当地政府动员了广泛的公众参与，把现代规划技术与当地传统经验相互结合。正是在现代规划技术与当地传统经验二者有机结合的基础上,当地政府通过土地潜力的分析,发现当地土地资源的利用其实已经比较合理,实际上几乎已经处于土地利用的最佳状态了,因此,调整土地利用格局没有任何必要。想要把牛群营地移出狩猎区,或者把耕地变更用途,都已经几乎是不可能的,否则成本将变得出奇的高。基于这个判断,当地政府的规划并没有改变土地的利用格局,而是形成了土地利用的分区系统。在各种用途没有冲突的地方,形成专门的生态区;而在各种用途有冲突的地方,形成混合区。这样的规划就比较合理,而当地传统经验在其中起了重要作用①。

3. 社区居民不断参与与推动政府环境政策的制定

在以往的生态环境保护中,制定环境政策是政府义不容辞的责任,其他主体很少有机会参与与推动环境政策的制定。20 世纪 80 年代以来,随着"公民社会"建设的不断推进以及政府由"治理"向"善治"转型,在不少发达国家,社区、社会组织以及公民开始逐渐参与和推动环境政策的制定。近些年来,在部分发展中国家,社区居民也开始有机会参与和推动环境政策的制定。为什么会出现这种变革呢? 主要原因是传统的排斥其他主体只由政府制定环境政策的做法出现了很多弊端。因为行政体制是分等级层次的,这种等级层次的机理在于:离基层越远的层次,就离基层的切身利益越远。而环境政策往往是离基层最远的上层制定的,这就出现一个问题,就是制定的政策往往偏离社区的实际情况与人民的根本利益,在因地制宜方面有很大欠缺,因此也就意味着高成本与低效率。为了更好地推进生态环境保护,很多国家政府都进行了放权,使社区居民有机会参与和推动环境政策的制定。不仅发达国家如此,很多发展中国家也是这样。在澳大利亚,政府在土地保护政策的出台过程中,就充分吸收社区居民意见。正是由于社区居民自我管理的推动,资源保护部门把土地与农村社区的实践结合起来,制定了符合农村实际的环境政策,并且取得了良好的效果。在美国纽约州,三个社区居民组织联合起来,形成了社区联盟。社区联盟游说环境保护和公共健康代理机构,要求他们加强对当地河流污染的监管。社区联盟指出,被石油污染的河流已经威胁到社区居民的健康,要求政府出台相关政策解决。经过社区联盟的不断推动,地方政府出台了一些政策,加强了对当地河流污染的监管。在印度尼西亚,经过社区的不断努力,政府与社区联合起来,颁布了 57 个关于杀虫剂的禁令,推动了农村地区的生态环境保护。在斯

---

①　布鲁斯·米切尔.资源与环境管理[M].蔡运龙,等,译.北京:商务印书馆,2004.

里兰卡,政府与社区水资源保护组织一起行动,由二者合作实施的参与者灌溉管理政策甚至成为一项国家政策。在肯尼亚,政府制定了许多关于土地保护方面的政策,并且取得了良好的效果。其中社区居民的功劳是显著的,因为自从20世纪80年代晚期以来,社区居民实际上就已经在执行这些政策了。国家颁布政策,不过是对社区自我管理实践的肯定而已。

4. 社会资本成为社区生态环境保护的关键因素

与政府治理以及市场调节相比,社区居民参与的一大显著优势在于社会资本,即社区居民能够利用信任、网络(人际关系、声望、尊敬、友谊以及社会地位)以及规范(多是非正式制度与文化规范)等,保护生态环境。在社区这样的小型群体之内,信任、网络以及规范具有降低成本、提高效率以及增强凝聚力等功效。而在大型群体中,由于匿名性以及非人格化等原因,信任、网络以及规范在一定程度上是无效的。因此,社会资本是社区的独特优势之所在。

在当今世界,社区居民利用社会资本自我组织与自我管理,在生态环境保护的很多领域中发挥了重要的作用。在一些发达国家的历史上,随着工业化与现代化的推进,人际关系冷漠与社会资本下降成为社区的主旋律。但近些年来,这些发达国家大力推进"回归邻里运动",社区的社会资本有所上升,并在社区的生态环境保护中发挥了重要作用。例如在许多发达国家的社区环境规划、社区生态公共地利用以及社区河道保护中,社会资本都发挥了不可替代的作用。在英国与美国,几乎每个社区都有相当数量的志愿者与热心者,他们是社区生态环境保护的重要力量。他们积极宣传,开展活动,为社区家园建设倾注热情与精力。在英国佩恩斯维尔市的一个社区中,一个称为"河流卫士"的学生组织,常年负责河流的美化与清理工作,而这个组织的成员年龄却只有8—11岁[①]。

与发达国家相比,在许多发展中国家的社区中,社会资本更为雄厚。利用社会资本保护社区生态环境,具有更大的普遍性。尤其在那些尚处于相对封闭状态的传统社区中,社会资本起着更大的作用。正是由于信任、网络以及规范的存在,人们才能在灌溉系统的使用与维护、公共山林的管理以及公共渔场的利用等领域实现合作,打破"囚徒困境",并降低管理成本。在相当多的发展中国家社区中,社会资本与人力资本、制度资本以及技术资本一样,成为社区生态环境保护中的重要因素,并成为社区环境资源成功管理的必要因素。一些学者

---

① 梅尔霍夫.社区设计[M].谭新桥,译.北京:中国社会出版社,2002.

在印度的 5 个农村社区中开展了一项关于社会资本和社区资源环境管理方面的研究,研究证明了社会资本对社区资源环境管理的重要意义。这项研究把对社区资源环境的投资分为两类:一类是对土地和水资源(SW)的投资,另一类是维护已经存在的环境设施(OM)的投资。SW 的投资包括:药物投入;堤坝的建造;农场池塘挖掘;地表水过滤池的修建。OM 的投资包括:过滤池的加深;堤坝的修复;在居民自己的土地上对土地和水资源保护新的投资;在共有的土地上,对土地和水资源保护新的投资。所有的数据都是通过田野调查收集的,经过建立假设和回归分析,学者们得出了以下的结论:对 SW 和 OM 的投资使社区居民获得了很大的利益,且投资带来的收益要远远大于经济预期。其中的机理就在于社会资本,投资推动了人们之间的合作、带动了人们之间的信任、网络与规范,这些社会资本转化成为经济资本,这是投资带来的收益远远大于经济预期的主要原因。

在发展中国家,社会资本在生态环境保护中的作用是非常明显的,甚至超过制度的效力,因而社会资本往往成为检验制度成败的"试金石",影响着制度的效力,这其中分为两种情况。第一种情况是:政府正式环境制度的出台,有时会破坏社区的社会资本,在这种情况下,正式环境制度的效力就会大大减少,事倍功半,这就证明了政府的正式环境制度还存有弊端,需要修正。第二种情况是:政府正式环境制度的出台,如果缺乏社会资本的配合,其效果也会大打折扣。这就证明了政府的正式环境制度同样存有缺陷,需要完善。例如当前不少发展中国家政府力图通过一些奖惩制度,譬如建立严格的保护区、制定污染控制规则以及征收杀虫剂税等,旨在改变人们的那些不利于环保的行为。但是有许多证据表明,这些制度只改变人们的一些短期行为,还缺乏长效化的作用。更为重要的是,这些制度很少或者基本没有对人们的态度产生积极的影响。因此,当奖励结束或者规则不再强制使用时,人们的行为依旧。这就充分证明国家正式环境制度应切合社区的实际,应与社会资本实现耦合,才能真正发挥效力。

5. 在发达国家与发展中国家里社区居民参与发挥着不同的作用

在当今世界的生态环境保护中,尽管社区居民参与发挥着重要作用,但在发达国家与发展中国家,这种作用是不同的,这是发达国家与发展中国家不同的社会环境所导致的。在发达国家,公民社会发育得比较成型,社区居民参与的空间较大。而且人们的环境意识比较强,整个社会形成了一种自觉保护生态环境的氛围。总体而言,从类型学角度划分,发达国家的社区环境运动属于"世界观模式"，即社区基于对环境的偏爱而组织起来开展环境运动，其目的是为了社区甚至地球的健康和平衡，这就进一步为社区参与提供了广阔的空间。在这些有利条件的支撑下，目前在发达国家的生态环境保护中，社区居民参与较为活跃，且作用领域广泛。社区与政府以及市场之间真正形成"三足鼎立"之势，社区居民参与已经成为政府管理和市场调节之外的第三机制。在美国及欧洲一些国家，社区居民参与不但影响了政府对环境的评估，还影响了政府环境政策的完善。以社区为基础的组织已经与政府相关机构形成联盟，在生态环境保护方面发挥着重要的作用。

与此相反，发展中国家的情况却并不十分理想。在发展中国家，公民社会尚未发育成型，社区居民参与的空间较小，而且人们的环境意识较差，整个社会尚未形成一种自觉保护生态环境的氛围。从类型学角度划分，发展中国家的社区环境运动基本上属于"污染驱动模式"，即社区的环境运动是由于生态环境恶化危及被害者生存，人们为特定的事件所激发而产生的，这就决定了社区环境运动的相对低层次。更为不利的是，在大多数发展中国家的生态环境保护中，政府占据绝对主导地位，社区居民参与作用的发挥基本取决于政府的态度，社区居民参与尚未开辟一片独立的"天地"。近些年来，在发展中国家，社区居民参与在生态环境保护中发挥了一定的作用，很大程度上是由于政府放权所致。即许多发展中国家政府在生态环境保护领域对政府职能与社区职能做了划分，给了社区一定的空间，力图提高效率。但我们也必须清醒地看到，由于政府管理"刚性"的特点，这种分权还存在着很多问题。首先，大多数发展中国家政府强调的是行政的分权而不是政治的分权，这相当于改革发生在"枝叶"上而非在"主干"上，因此容易流于形式。其次，很多发展中国家的分权并不彻底。有时候政府只是为了顺应民意与国内外的舆论压力而做出分权的姿态，实际上政府对分权还持有犹豫的态度，分权进行得也不彻底。再次，一些发展中国家的分权不是减少了行政人员的工作量，而是增加了工作量。最后，不少发展中国家的分权造成了另起炉灶的局面，破坏了许多原有的结构，结果新的体系没有建立起来，旧的体系却丧失了，导致出现一种无序化的状态。在这种背景下，社区居民参与缺乏稳定性与长效性也就不足为怪了。在发展中国家的生态环境保护中，要想真正发挥社区居民的参与作用，目前还任重道远。

第二节　苏州社区居民参与环境管理的主要领域

　　目前在苏州的环境管理与生态文明建设中,社区居民参与可以发挥作用的领域众多,其中主要领域如下。

　　1. 监督企业排污领域

　　对企业进行监督是环保事业以及生态文明城市建设中的一个不可或缺的环节。尤其在农村地区,对企业排污进行监督,更成为环保事业与生态文明建设的核心工作。对企业排污进行监督当然离不开政府,但同时也离不开社区居民参与,理由如下:首先,社区居民监督可以弥补政府管理的不足。对于点源企业污染而言,政府的监督很有效,但对于面源企业污染而言,政府监督存在着成本高、人力资源相对不足的问题。社区具有充足的人力资源,可以弥补这个不足,帮助环保部门更好地开展工作。苏州城乡经济发达,企业众多,尤其乡镇企业众多,呈现典型的面源污染格局。社区居民参与监督企业排污,有着更为迫切的需要。其次,社区居民的监督动机强。由于企业排污与社区居民的生活质量是息息相关的,因此,社区居民的监督动机比较强,愿意承担监督职责。再次,社区居民的监督成本低。与政府监督相比,由于空间上的接近以及利益上的相关,社区居民的监督成本很低,有的时候就是一种"顺便的监督"。适当地发挥社区居民的监督作用,可以起到事半功倍的效果。

　　2. 垃圾处理领域

　　目前,随着城乡一体化进程的加快以及人民生活水平的日益提高,生活垃圾问题日益成为生态文明城市建设中的一个棘手问题。苏州已经初步实施垃圾分类,但与发达国家相比还有很大差距。苏州要真正提升垃圾源头分类收集的效果,离不开社区居民的积极参与。因为源头分类收集的主要"战场"就是社区,与社区居民的生活是息息相关的。因此,在生活垃圾处理领域,社区居民参与是大有潜力与空间的。

　　3. 环境教育领域

　　生态环境保护是一个复杂的社会系统工程,涉及的环节众多,但其中最重要的环节,是人的环境意识。一个人只有具备良好的环境意识,其环境行为才会合理。而良好环境意识,又离不开环境教育,可以说,环境教育是环境保护与可持续发展中的关键所在。

环境教育离不开政府，但同时也离不开社区。与政府开展的环境教育相比，社区的环境教育具有潜移默化、灵活、直观等特点，与政府开展的教育形成了互补。尤其应当看到的是，社区所具有地域性与情感性的特点，使得环境教育更有针对性与互动性。正是由于社区具有的种种优势，在一些发达国家，社区甚至取代了政府而成为环境教育的主体。与发达国家相比，我国在环境教育领域的社区居民参与作用还远远没有发挥出来。苏州也是如此，利用社区居民资源开展环境教育的潜力很大。

4. 环境规划领域

随着可持续发展战略的实施，近些年来，苏州高度重视环境规划。当然，相关规划是以政府为主导的。我们认为，环境规划不只是政府的事情，还离不开社区居民的参与。首先，环境规划的终极目的是为了维护居民的利益与福利，离开居民的参与，就会造成目标与手段之间的偏差。为了居民利益与福利的规划，居然没有居民的参与，这在逻辑上是行不通的。其次，对于环境规划，尤其是对于涉及社区层面的环境规划，社区居民的参与有助于规划的科学性。很多居民生于社区、长于社区，对社区有着一种本土化的"生态智慧"。而外来的专家与规划者往往却是"外行"，缺乏社区居民的参与，外来的专家与规划者的规划往往事倍功半。尤其在农村社区，更是如此。例如在世界上许多关于渔业资源的保护中，关于渔业资源数量变化的判断与识别主要依赖社区的本土知识。毕竟由于长期与鱼资源打交道，社区居民比外来人更了解鱼资源季节性变化、捕鱼的最佳时间以及导致渔业资源下降的主要因素等。而政府在完全"越俎代庖"后，反而导致渔业资源难以可持续利用。

很多苏州社区居民在社区多年，具有很强的"本土化"智慧，对相关的规划具有发言权。让居民参与环境规划，可以提高规划效率，事半功倍。

第三节　苏州社区居民参与环境管理的主要成就

近些年来，在社区居民参与环境管理方面，苏州取得了较大成就，主要表现在以下方面。

1. 开展多种社区环保活动

苏州在环境管理中，不断强化社区的作用。从社区跳蚤市场、到环保超市再到环保银行，社区环保活动不断创新，其终极目的只有一个，提高居民的环境意识与调动居民参与的积极性。苏州不少社区开展了社区跳蚤市场,让居民在家门口也一样"淘"到了好东西。把你不需要的交换给我,把我闲置的交换给你,把不用的物品送给需要的人,重新发挥它的作用,可以节约资源、循环利用、保护生态环境,让社区家园更美好。同时还能收获沉甸甸的社会资本,一举两得。苏州工业园区有的社区开设了"爱之家"环保超市。居民们纷纷拿出家中的闲置物品摆上货架义卖。超市中还设有"爱之家"环保站,在环保站里,不仅设有爱心义卖货架,而且设立了废电池、废金属等固定回收点。苏州工业园区还有的社区还开办了"触爱环保银行"。凡是社区服务范围内的居民及成员单位,均可随时将家中的可回收废旧物品如铝罐、铁罐、宝特瓶、塑料类、纸类等拿到社区居委会,社区居委会转交给回收商进行变卖后,由社区绿色先锋站站长负责登记在册,积少成多,零存整取。到每年年底,社区将公开该环保银行的账目,辖区居民(单位)可以根据意愿选择提取资金或者是划入"社区触爱基金",为社区的发展奉献爱心。

2. 多渠道打造社区参与载体

社区居民参与环境管理还需要相关载体,苏州积极打造参与载体,已经形成了几种模式。一是平江区平江路街道"民意直通车"模式。"民意直通车"是通过民情民意的搜寻采集机制、研判分流机制、办理追踪机制、答复反馈机制,将社区居民的意见与要求(其中包括生态环境保护方面的意见与要求)递交给相关职能部门,为居民解决实际问题。二是网络模式。苏州开设一些网上的"民意直通车",居民将意见与要求(其中包括生态环境保护方面意见与要求)通过网站分类提交给职能部门,职能部门通过了解相关情况后,予以解决并给予回复。三是社区民主协商会模式。这种模式首先在江苏省试点,当前在苏州开展的较为普遍。社区民主协商会模式的机理在于:当出现环境纠纷时,环保部门和社区居委会作为调解人,请来了企业管理者和投诉居民代表,召开圆桌会议,多方在协商的氛围下,发表各自的意见,并协商合理解决环境矛盾的办法。这种模式一方面发挥了协商民主的优势,另一方面使企业方处于多种监督之下。在这样的场合下,污染扰民事件容易得到圆满解决,也有利于敦促企业方严格按照环保要求进行整改,尽最大可能减少对周边居民的危害。

3. 通过项目的形式推动社区居民参与

通过项目形式推动社区居民参与环境管理,是苏州生态环境保护事业与生态文明建设的一个重要亮点。早在 2003 年开展健康城市建设之初,苏州就积极利用项目推进的形式。健康城市办公室推出特色项目,由社区根据自己实际申报,专家评审择优立项。获得立项后,居委会组织社区居民投入项目的实施。项目的主题与健康有关,例如吸烟多的社区申报禁烟、老年人多的社区申报养老服务、慢性病多的社区申报慢性病干预。生态环境与健康息息相关,因此不少项目也与生态环境保护有关。例如在首批 20 个特色项目中,与环保直接相关的就有 4 个。其中苏州平江历史街区"爱河护河"特色项目就很有特点,在环境保护与社会建设中发挥了重要作用。该项目的主题就是利用社区居民的力量保护河道清洁。该项目开展后,社区居委会利用志愿者组织护河队,制止人们往河中乱扔乱排行为,既维护了社区生态环境,同时人们之间也生成了社会资本,一举几得。

通过项目的形式推动社区居民参与,目前正在得到企业与社会力量的认可。"汇丰中国社区建设计划"就是一例。"汇丰中国社区建设计划"于 2013 年年末正式启动,计划通过在重点城市选择试点社区,有针对性地扶持社区建设项目,推广最佳模式,吸引公众、政府和媒体的参与。在苏州,汇丰银行项目就在二郎巷社区、平江历史街区社区等社区实施多个项目。很多项目涉及环境保护,比如垃圾利用、旧房利用、社区绿化等。这些项目旨在培养居民环保自治能力,促进社区的生态建设与社会建设。这些项目对推动苏州社区居民参与环境管理,也具有重要意义。随着更多的企业与社会力量的投入,苏州社区居民参与环境管理具有广阔的前景。

4. 加强环保志愿者队伍建设

志愿者是社区居民参与的重要力量之一。苏州积极加强环保志愿者队伍建设,目前苏州有多支较为稳定的社区环保志愿者队伍活跃在各个领域。有的社区志愿者团队开展"节能减排,绿色出行""环保主题辩论大赛"等一系列活动;有的社区志愿者团队在辖区范围内认养绿地,巡视小区绿化情况,为居民提供环保咨询;有的社区志愿者团队从垃圾无害化分类收集、绿色庭院着手,积极开展保护生态环境活动,并经常组织环保交流活动;有的社区志愿者团队开展环保法律咨询、科普讲座等各项服务活动。

5. 开启社区环保居民"自我组织"与"自我管理"模式

在苏州工业园区环保局、东沙湖社工委、汀兰社区居委会、社区居民代表的积极协调下,2014 年,苏州成立了第一家基层居民自治环境组织——汀兰环境理事会。汀兰社区周边企业较多,汀兰环境理事会开启了居民集体维权"自我组织"与"自我管理"模式。通过招聘信息监督员、设立企业开放日、加强社区互动、召开圆桌会议等方式,汀兰环境理事会与企业以及管理部门保持沟通和联系,不仅维护社区居民的环境权益,还帮助政府监督企业排污。在社区居民参与环境管理领域,汀兰环境理事会无疑具有重要的意义。

第四节　苏州社区参与环境管理的主要不足

在社区居民参与环境管理方面,苏州也存在一些不足,主要表现在以下方面。

1. 缺乏制度保障

当前在苏州,社区居民参与环境管理还缺乏制度保障。首先,缺乏居民参与检查制度。例如,尽管企业的排污行为与社区居民利益有着密切的关系,而且社区居民也有较低的监督成本,但是社区居民目前还缺乏正规渠道参与排污企业的监督检查。其次,现有的某些制度还不完善。社区民主协商会制度就是典型,很多情况下,居民代表的选择,不是利益相关者,企业的选择也不是那些污染最严重者等,结果虽然一些协商会让社区居民参与了,但实质性问题却难以得到解决。

2. 缺乏激励机制

在社区居民参与环境管理方面,目前苏州还缺乏相关的激励机制。例如在垃圾处理领域,尽管鼓励居民参与垃圾分类,但为社区所提供的垃圾分类设施却不尽如人意,导致垃圾分类是以牺牲人们生活方便作为代价,难以调动人们对垃圾进行分类的积极性。再如苏州开展了建设"健康社区"以及"绿色社区"等相关活动,也出台了相关的考核标准,旨在调动社区居民参与环境管理的积极性。但是一些考核指标却偏重经济层面,而不是偏重垃圾分类、垃圾回收、能源节约等,这样的考核指标也难以真正调动社区居民参与环境管理的积极性。

3. 缺乏精力

在社区居民参与环境管理的过程中,居委会不可或缺,其连接政府与社区居民,具有"承上启下"的作用。社区居民参与环境管理,离不开居委会的引导、中介以及组织等作用。尽管苏州推行了"政社互动"给社区减负,一定程度上改善了居委会"上有千根线,下有一根针"的尴尬状况。但总体而言,社区事务仍较繁多,居委会疲于应付各种事务,在环境管理领域不可能投入过多的精力。

4. 缺乏信息支持

社区居民真正在环境管理中发挥作用,是以科学与准确的信息为基础的。

尤其对农村社区来讲更是如此。缺乏科学与准确的环境信息，社区居民难以对生态环境变化动态做出科学判断，也无法对外界环境污染做出准确判断，当然也就无法发挥自身的"生态智慧"，同时也难以维护自身的环境权益。而目前在苏州，尽管实现了政务公开，但在环保信息的提供方面仍存在一定的不足。社区居民能够获得的多是常规的环境信息，如空气质量、噪声强度等，对于一些企业排污的具体核心信息，则基本难以获得。

第五节　进一步完善苏州社区参与环境管理的思路

当前，可以从多个层面着手，进一步完善社区居民参与苏州环境管理。

1. 建立参与检查制度等相关制度，为社区参与提供制度保障

首先，应建立社区参与检查制度，把对企业排污行为的检查制度由定期改为不定期，并吸收社区工作人员以及居民作为检查成员，以充分体现利益相关者原则。其次，应完善社区民主协商会制度，真正使其具有可操作性。在代表的选择上，要注重科学性，选择最需要参加的对象以及最应该参加的对象参加。

2. 加快社区体制改革，使居委会有更多精力投入环保事业

针对居委会精力有限、难以为环保事业投入更多精力的问题，当前应继续完善社区体制改革，实行"政社、政事分开"或者"议行分设"，全面采用"一站一居"或者"一站多居"体制，使居委会腾出更多的精力投入环境管理之中，更好地推动环保事业的发展。当然，对于大多数已经实现"政社、政事分开"的社区，则要进一步捋清与细化相关职责，真正使居委会减负。

3. 推进环境信息公开，为社区居民提供信息保障

为更好地推进社区居民参与苏州环境管理，当前应积极推进环境信息公开制度，这也是环保事业今后的发展方向之一。只要不是涉及国家机密的环境信息，政府都应当通过一定的载体（网站、报纸以及定期杂志等）进行公开。尤其对于企业，政府可以采取强制信息公开、强制信息曝光的方法。在这方面，可以借鉴美国的《应急规划和公众知情权法案》，要求企业必须向当地真实公布排污情况。政府将收集的信息利用各种方式进行公开，公民可以通过网络，只要输入邮政编码，就可以查询到自己附近企业的污染状况。这样便于发挥社区居民的监督作用，对企业排污行为形成一个强大的监督网。

4. 提供社区居民参与平台,积极发挥民智的作用

政府与相关部门应进一步为社区居民提供一定的参与平台,引导社区居民参与环保事业。目前可以建立相关的环保论坛,给社区居民提供参与渠道,同时还能集思广益,有利于科学决策。另外,有关部门还可以给社区居民一定的权限,让其在一定范围内"自我管理"。目前在苏州城乡社区中有大量退休老人,把环境管理的一些事务交给这些老年人协管,既能实现环境管理的低成本,同时也能使一部分老年人发挥余热。苏州环保部门在这方面可以开动脑筋,集思广益。

5. 完善环境听证会模式,参考多方意见

环境听证会模式是社区居民参与环境管理的一项有效制度。环境听证会模拟司法审判,由意见相反的双方互相辩论,其结果通常对最后的环境问题的处理有约束力。环境听证会制度的优势在于:首先,生态环境保护是一个利益博弈的过程。在生态环境保护中,存在着各种利益主体。如何在生态环境保护中实现社会成本最低?这不能仅仅依据少数人的判断,是要靠群策群力才能决定的,环境听证会制度有助于实现这一点。其次,生态环境保护不仅存在社会成本最低的问题,而且存在社会成本由谁承担的问题,这些都要靠协商解决,特别在生态环境保护中,社区居民的利益往往被忽视,环境听证会制度给社区居民提供了一个表达利益诉求的机会。目前,我国不少地方已经实施环境听证会,但目前还处于初级阶段,很多地方亟待完善。如虽然建立了制度,但往往注重形式,而不注重内涵;参与人一般是指定的,而不是真正需要博弈的利益代表,自然也不会真正代表相关主体的利益;虽然命名为环境听证会制度,但还没有实现制度化,缺乏相关长效机制的保障;等等。这些都有待于今后更好地完善。

目前在苏州,环境听证会模式还运用得不多,尤其是在对生态环境影响较大的大型工程中,听证会形式更是运用得不够充分。今后应多采用听证会模式。此外,要合理选择参加听证会的人员,不能流于形式。

6. 聘用利益相关的社区居民充实管理力量,调动居民的积极性

在一些具体的环保领域,如环境卫生、河道管理等,可以聘请一些利益相关的社区居民担任环境管理协管员,协助管理。让利益相关的居民担任协管员,更能调动这些居民的积极性,从而取得较好的环境管理效果。

第十章　苏州民间环保社会组织发展

生态文明建设需要全民参与,民间环保社会组织是生态文明建设的重要力量之一,对生态文明建设意义重大。苏州生态文明建设事业,同样离不开民间环保社会组织的参与。

第一节　民间环保社会组织在生态文明建设中的优势

相比政府而言,民间环保社会组织具有自身独特的优势,主要体现在以下三个方面:

其一,生态中心性。民间环保社会组织的口号是:"只有地球,没有国家。"其能打破地域利益主义,一切以生态为中心,这一点也是政府所无法比拟的。因此在处理全球性生态环境问题时,民间环保社会组织比政府更得心应手。

其二,横向网络性。民间环保社会组织的组织结构不是科层化,而是横向网络化,因此在信息反馈环节更为便捷。

其三,贴近生活性。由于"草根"性质,民间环保社会组织开展工作贴近生活,把环保寓于生活,在微观环节比政府有优势。

正是由于民间环保社会组织具有种种优势,因此其在生态环境保护以及生态文明建设中发挥着重要作用。一些发达国家生态环境保护得好,与大量民间环保社会组织作用的发挥是息息相关的。1992年美国就有1万个各种各样的环保NGO,其中最大的10个组织的成员多达720万人[①]。1994年,日本的环保NGO就达到1.5万个,平均每8000个日本人就拥有1个环保NGO[②]。这些

---

① 丁元竹.西方国家的政府与非政府组织[J].大地,2008(22).
② 周莹.浅析环境保护公众参与制度[J].法制与社会,2008(1).

组织开展了大量工作,促进了环保事业的发展。世界上还有很多国际环保NGO,如著名的两大组织——世界野生生物基金会以及绿色和平组织,它们都具有极大的国际影响力,在国际环保舞台上发挥着重要作用。

正是鉴于民间环保社会组织的重要性,近些年来,我国也逐步推进民间环保社会组织作用的发挥。我国环境保护部 2014 年出台的《关于推进环境保护公众参与的指导意见》,特别强调要加大对民间环保社会组织的扶持力度①。

第二节　民间环保社会组织在生态文明建设中的作用

民间环保社会组织在生态文明建设中有着重要作用,主要体现在以下几个层面。

1. 对应政府层面

民间环保社会组织参与生态文明建设,可以为政府做大量的辅助工作。政府侧重于宏观管理,民间环保社会组织侧重微观管理,二者相得益彰,有利于降低管理成本,提高管理效率。具体而言,针对政府层面,民间环保社会组织主要通过以下方式开展工作:

一是政府委托方式。在生态文明建设中,政府大量依靠民间环保社会组织。政府为民间环保社会组织提供一定的资金,或者为它们筹资提供一定的优惠条件。民间环保社会组织则为政府完成一定的项目或者委托服务。这种方式的好处在于,政府可以更好地完成管理工作,而无须扩大人员编制,大大节省了管理成本。而民间环保社会组织在政府的授权下也可以更好地开展环境保护工作,同时其开展工作的资金也会有所保证。

二是民间环保社会组织—政府部门小组方式。这是以生态环境保护某一主题为主导,整合政府以及民间环保社会组织力量的一种合作方式。在生态环境保护某一主题下,政府与民间环保社会组织基于共同的兴趣进行协商与合作。这种方式对解决环境专项问题益处很大,它可以集思广益,聚合各方的优势与专长。

三是智囊团方式。在生态文明建设中,民间环保社会组织为政府收集信

---

① 《环境保护部办公厅关于推进环境保护公众参与的指导意见》(环办〔2014〕48 号),http://www.zhb.gov.cn/.

息，为政府决策做前期调研，为政府出谋划策，从而影响政府的环境政策走向。这种方式在一些发达国家中较为普遍。在我国，一些协会性质的环保社会组织有机会参与这种方式。可喜的是，近些年来，我国的民间环保社会组织也开始逐渐加入这一层面。如在绿色申奥过程中，北京政府就聘请了民间环保社会组织如"自然之友""地球村"等组织的领导人做顾问。

四是区域合作方式。生态环境问题具有跨区域特征。在我国，跨行政的环境公共地，如太湖、长江等往往是环境污染较为严重的区域。地方政府受经济利益驱使，往往造成"公地悲剧"。为打破这种博弈，区域环境协调机制是必不可少的。而在区域环境协调机制的构建中，民间环保社会组织往往起着"先锋队"作用。在环境协调机制的具体操作中，民间环保社会组织也起着监督作用与协助作用。

2. 对应企业与商家层面

企业与商家是以营利为目的的组织，而民间环保社会组织是非营利组织。在生态文明建设中，二者是一对矛盾统一体，既可以对立，又可以互利。对应企业与商家层面，民间环保社会组织主要通过以下方式开展工作：

一是监督方式。民间环保社会组织在兴起之初，往往具有对抗企业与商家的性质。不少民间环保社会组织致力监督企业与商家的环境举动，进而反对企业与商家的不合理开发行为。

二是服务方式。近些年来，在监督企业与商家的同时，民间环保社会组织越来越表现出与企业和商家合作的态势，以谋求互利。如民间环保社会组织帮助企业进行咨询、改进工艺技术；或是调研绿色产品市场，为企业与商家提供信息；或是为企业与商家设计绿色产品营销策略，引导企业与商家可持续发展。这种合作是共赢的，对企业与商家来说，与民间环保社会组织合作，可以赢得公众的认同，起到一种"广告效应"。对民间环保社会组织来说，则可以获得一定的资助。在一些西方发达国家，由于生态成为最大的"招牌"，不少企业和商家愿意与民间环保社会组织合作，以赢得人心与顾客。

3. 对应社区层面

在不少发达国家，在生态文明建设领域，政府致力于宏观方面，如制定政策等，而具体的管理，尤其是基层管理——社区层面的管理，一般甩手让民间环保社会组织负责落实。因此，在社区环境管理中，民间环保社会组织以"嵌入方式"开展工作。这种"嵌入方式"表现在，民间环保社会组织成为社区环境管理的主体，在绿化、卫生等领域自主管理，或委托物业管理，但是予以必要的监督。

目前,我国的社区管理体制可以概括为"政府主导、各方协作、社区管理、市民参与"。遵循这一主旨,民间环保社会组织应当成为社区环境管理的具体组织者与运作者之一,随着政府的逐步放权,今后双方在这方面的合作前景广阔。

4. 对应社会层面

对应社会层面,民间环保社会组织着重进行"软管理",方式主要有以下几种:

一是宣传教育方式。生态环境问题具有全民属性,即生态环境问题的造成与每位公民都有关系,同时,解决生态环境问题又离不开每位公民,在生态环境问题面前,人人既是受害者也是施害者,生态环境保护与人们生活方式息息相关。当今世界物欲横流,欲望的追求使我们的社会成为一个消费社会。物欲横流给生态环境造成了巨大灾难,给资源造成了巨大压力。美国是一个典型,如果全世界都按美国人的生活方式生活,人类还额外需要 6 个地球。因此,民间环保社会组织致力于环境管理,一般都较为注重引导与动员民众,通过环境教育,借助媒体、活动、科普等把相关的环境知识与理念灌输给民众,以改变他们的生活方式与环境习惯。另外,生态环境问题十分复杂,公民由于知识的限制,难以全面了解污染物对人们的危害,而专业性民间环保社会组织则具备相关的知识背景,可以向民众灌输这方面的知识。20 世纪 70 年代以后,全球环境运动如火如荼地展开,在很大程度上归功于民间环保社会组织的宣传与教育。

二是代言方式。环境权是公民的基本权利,其中包括知情权、表达权、诉讼权以及监督权,这些权利的实现离不开民间环保社会组织。公民受到环境侵害,个体相对弱小,而组合为一定的群体,或借助民间环保社会组织,就可以同侵害者平等对话,这正是民间环保社会组织的优势所在。在美国,民间环保社会组织的中心工作就是通过法律诉讼维护公民的环境权。

三是中介方式。民间环保社会组织还可以成为政府以及民众之间协调与沟通的桥梁,把政府有关精神以及政策传达给民众,把民众的意愿反馈给政府,促进二者的沟通与信息交换。

5. 对应全球层面

生态环境问题的复杂性在于其是无国界的。地球整体是一个生态系统,任何一个地区、一个国家的生态环境问题,都会由于生态系统的开放性而影响其他地区与国家。美国著名生态学家洛伦兹的"蝴蝶理论"——"在巴西,一只蝴蝶扇动翅膀,在美国得克萨斯会引发一场龙卷风",就说明了这一点。因此,在生态环境保护问题上,"画地为牢"的管理方法是行不通的。民间环保社会组织参与生态环境保护,更多地着眼于全球视野,将人类的利益作为终极目标,"只有人类,没有国家"。民间环保社会组织参与全球生态环境保护,通常采取以下方式:

一是阻止环境成本转嫁方式。生态环境问题与社会问题是紧密联系在一起的。在生态环境问题上,存在诸多的不公平。发达国家向发展中国家转嫁环境成本,就是其中的一种不公平。当今世界,发达国家一些民间环保社会组织,在保护国内生态环境的同时,也关注他国环境利益。力阻环境成本转嫁,就是其参与全球环境保护的重要方面。如在 20 世纪 70 年代,日本某些化工企业企图将公害输出——向韩国出口含铬的矿渣时,被民间环保社会组织"阻止公害出口之会"所制止。再如,近些年来,一些西方商业组织向我国输入有争议食品,这些国家的民间环保社会组织对此勇于揭露。

二是防止全球范围不合理开发方式。民间环保社会组织在阻止世界范围内不合理的环境开发方面贡献巨大。在世界各地,人们到处都能见到民间环保社会组织志愿者阻止不合理开发的努力。尤其是在涉及跨国界以及公共地的反开发中,民间环保社会组织志愿者有时甚至付出了生命的代价。

三是促成全球环境协议与法规方式。在国际环保舞台上,民间环保社会组织的身影到处活跃着,他们以各种方式影响着国际环保决策,促成全球环境协议与法规。1990 年联合国宣布每年的 4 月 22 日为地球日,就是民间环保社会组织首倡的。1992 年在巴西里约热内卢召开的联合国环境和发展会议上,有2000 个国际民间环保社会组织以各种途径进行游说,并召开了一次"影子会议"。会议达成的一系列的协议,都与民间环保社会组织的努力有关。

第三节　苏州民间环保组织的模式

1. "基金会赞助模式"民间环保社会组织

"基金会赞助模式"民间环保社会组织的资金主要来自基金会(其他的资金渠道是捐款等),主要从事工作为监督企业污染行为——对企业污染排放进行监控、取证与检测等。苏州较为典型的"基金会赞助模式"民间环保社会组织是LSJN 组织,该组织注册为民办非企业,有不到 10 名专业工作人员。负责人是一位环保爱好者,由于个人维权原因从事环保事业,在维权过程中,他决心成立一个能为公众维权、防治企业污染的环保组织。组织成立后,得到了阿里巴巴等大型基金会的支持,从事企业排污调查与监督工作,成就斐然。仅 2013 年该组织就做了四件大事:一是和其他民间环保社会组织一起曝光了某公司的污染数据,促使该公司花巨资去治理受到污染的河流。二是曝光了某产业的污染河流数据,并且监督其对污染进行整改,使河流恢复原状。三是参与开展关于太湖流域高排放企业发布会,公布包括镇江、常州、溧阳等地区的高污染排放企业,其中不少是国有企业。四是和其他 4 家环保组织共同发布《谁在污染太湖流域?》调研报告,经过近 7 个月的调查,他们发现太湖流域的数十家企业违规排污,重金属超标近 200 倍。此调研报告一出,引起了政府及社会各界的高度关注。

"基金会赞助模式"民间环保社会组织的优势在于:首先,工作自由度较高。该类组织的优点在于由于不接受或者很少接受政府资源,同时也很少接受企业赞助,因此组织自由度较大,开展工作羁绊较少,这也使得他们在环保中比较公正客观。

其次,专业化较强。"基金会赞助模式"民间环保社会组织主要监督企业污染行为,因此需要不少专业知识。另外,多数情况下监督企业污染行为要"偷偷"进行,因此还要求工作人员有丰富的经验。可见,该类组织专业化程度相对较高。组织工作人员都有着一定的环境学知识与"查污"经验。另外,在搜集企业污染行为的证据时,该类组织一般不需要志愿者,因为志愿者往往既缺乏环境知识,又没有风险意识,容易"暴露"。

再次,比较系统。"基金会赞助模式"民间环保社会组织开展工作较为系统,监督企业污染行为共分 6 个步骤:第一步是接受公众举报;第二步是进行准备工作,对即将调研的企业进行前期摸底调查,包括在网上搜集资料,实地走访等;第三步是到企业排污口取样;第四步是将取得的样本送去专业的机构进行检测;第五步是建立数据库,将这些调研数据录入存档;第六步是将污染企业向公众、媒体曝光。

"基金会赞助模式"民间环保社会组织面临不少困难。首先,工作阻力较大。该类组织专心致力于监督企业污染行为,会受到部分企业强有力的阻拦。其次,职业危险性较高。由于该类组织人员经常只身到企业周围搜集排污证据,因此人身安全往往受到威胁。另外,揭发企业污染行为,也可能会面临企业的报复。这些都使得这类组织的职业危险性较高。

2. "政府购买服务模式"民间环保社会组织

"政府购买服务模式"民间环保社会组织资金主要来自政府购买,主要从事的工作涉及垃圾分类、环境宣传与教育、河道清理、企业排污监督等多个领域。苏州昆山 LCHB 组织就是一个典型。这个组织通过建立自己的专业的社工队伍和志愿者团队，承接政府的一些环保类项目，比如垃圾分类、学校与社区环境教育等。另外，其在政府购买服务之外，还积极监督企业污染行为。2013 年该组织通过收集企业污染数据，让昆山三家污染企业停产。2014 年，该组织在昆山水源地附近发现一个日资企业偷排，向政府举报使企业污染得到控制。

"政府购买服务模式"民间环保社会组织的优势在于：

首先，比较综合。由于资金主要依靠政府出台的购买项目，该类组织一般是项目导向型的，因此比较全能，业务领域比较综合，像 LCHB 组织，从河道清理、垃圾分类，到环境教育、环境监督等都涉猎过。

其次，与政府形成互补。在环境管理中，政府的优势在于宏观，"政府购买服务模式"民间环保社会组织的主要优势在于微观。在一些领域，该类组织开展工作的成本比政府要小得多，效果要好得多，与政府形成了良好的互补。这也是为什么政府出资购买服务的原因所在。以 LCHB 组织为例，其承担了一个编写环境教育教程项目，由于在民间多年，对当地情况谙熟，编写的教程非常贴近民生，用于公民环境教育效果很好，而且花费很少。另外，由于贴近污染企业，LCHB 组织搜集证据非常方便，成本也很小，其把自己所收集到的污染数据建立相应的数据库，为政府提供参考，为政府环境管理提供了很好的补充。

再次，与生活结合紧密。"政府购买服务模式"民间环保社会组织贴近居民的生活，这是其具有活力的一个重要原因。例如 LCHB 组织开展的活动多贴近居民的生活，受到居民的欢迎。如针对社区居民，LCHB 组织开发了环保游戏棋、环保手语节目等环境教育形式。该组织还针对家庭主妇，开展做厨余酵素活动以及利用回收的垃圾做手工旧物改造 DIY。这些都将环保"寓于"生活，容易被居民接受。

"政府购买服务模式"民间环保社会组织面临的主要困难在于：

首先，受政府控制与影响大。由于资金主要来源于政府，因此该类组织受政府掣肘较大，政府对环保的导向成为该类组织参与环境管理的风向标，政府重视环保事业时，会把较多的环境管理事务委托该类组织，该类组织也能得到相对充足的资源，发挥重要的作用。但当政府对环保态度比较暧昧时，该类组织的日子就会难过。另外，由于资金主要来源于政府，该类组织与政府往往保持良好的关系，因此当地方政府在环保问题不作为时，该类组织不会像"基金会赞助模式"民间环保社会组织那样主动，往往选择了沉默。

其次,资金不足。"政府购买服务模式"民间社会组织主要依赖政府购买与公益创投获得资金,资金渠道相对狭窄。目前,我国各级政府往往认为投资生态环境保护事业是锦上添花,而投资老年人、残疾人等是雪中送炭,因此政府购买与公益创投主要集中在老年人、残疾人等领域,对环保事业投入资源有限。LCHB组织与政府的关系非常紧密,得到一些环境宣传与垃圾处理方面的公益创投与政府购买项目,已属非常幸运。但是总体而言,政府投入极为不足,当地仅有LCHB一家"政府购买服务模式",就是最好的证明。

再次,专业性不强。"政府购买服务模式"民间环保社会组织从事的领域,如环境教育、垃圾分类等门槛都较低,对人力资源专业性要求不高,很多领域都依靠志愿者开展工作。

3."志愿者模式"民间环保社会组织

"志愿者模式"民间环保社会组织是志愿者松散组合形成的组织,其资金主要来自于成员自身,其从事环保活动随意性较强,领域较杂。苏州大多数环保社会组织都是此种类型,组织成员数量有几人到几十人不等,都是利用业余开展环保活动,所展开的活动也较为琐碎,涉及日常生活的方方面面,如环境教育、环境体验、环境行为监督等。

"志愿者模式"民间环保社会组织的优势在于:

首先,与生活结合紧密。从苏州"志愿者模式"民间环保社会组织之一ZRZY组织近几年开展的活动就能看出其与生活的结合程度。其主要活动如下:一是通过志愿者授课的形式给中小学生普及环保观念。二是进行水质问卷调查,了解当地居民对水质污染的看法。三是收集环境变迁资料,通过口述式(访谈)的形式了解当地居民对环境变化的感受,获取第一手资料。四是身体力行地倡导低碳出行的"骑行活动"。五是开展测"体温"活动。2014年,该组织开展给苏州各地铁站、图书馆等公共场所测"体温"的活动(自然之友、中国民促会、中国环境文化促进会等组织向全社会发起的"26度空调节能行动"倡议。该组织通过实地监测室内温度,来监督公共场合"26度空调节能行动"的执行情况)。六是自发组织小型的垃圾分类,带领志愿者将有用的废弃物制作成环保酵素,重新循环利用。

其次,灵活性。"志愿者模式"民间环保社会组织开展环保形式非常灵活,不受时间、地点约束。ZRZY组织就是如此,只要成员之间商量好了,活动可以随时随地进行。

"志愿者模式"民间环保社会组织面临的主要困难在于:

首先，不正规。比起另外两种模式环保社会组织，该类组织开展的活动不正规，甚至边旅游边搞环保活动，专业化程度较低。如果说"基金会赞助模式"民间环保社会组织属于"专业人员"类型，"政府购买服务模式"民间环保社会组织是"专业人员 + 志愿者"类型，那么"志愿者模式"民间环保社会组织就是"纯志愿者"类型。

其次，规模受限。由于是松散的组织，因此"志愿者模式"民间环保社会组织规模一般不会太大，影响力也比较有限。像 ZRZY 组织只有 20～30 人，开展活动影响的范围也较小。

第四节　苏州民间环保社会组织的扶持策略

"基金会赞助模式"民间环保社会组织、"政府购买服务模式"民间环保社会组织以及"志愿者模式"民间环保社会组织三者各有特点，作用发挥各不相同。当前苏州要根据三种模式组织的各自特点，有的放矢地予以扶持，才能更好地发挥它们的作用。

1. 对"基金会赞助模式"民间环保社会组织的扶持措施

首先，改善生存环境。由于有基金会资金支撑，"基金会赞助模式"民间环保社会组织在资金方面没有大的障碍。但是在很多情况下，该类组织与政府关系有时并不和谐，生存环境比较艰难。当前必须解决该类组织的生存环境问题，这需要政府的思维转变，真正把生态文明当作头等大事，从制度上改变"GDP 至上"的思维，落实科学评价考核体系，建立环境责任追究制度。只有这样，该类组织才能有更多的发挥作用空间，在环保事业中大显身手。

其次，落实有奖举报制度。当前苏州应建立并强化有奖举报制度，使揭发企业不良环境行为的举动得到表彰。这样的举措可以进一步激发"基金会赞助模式"民间环保社会组织参与环境管理的积极性，也可以为该类组织发挥作用创造良好的社会氛围。

再次，适当委托服务。当前，"基金会赞助模式"民间环保社会组织一方面能够在监督企业污染行为中发挥重要作用，另一方面也面临着"非法化"的尴尬局面。在这种情况下，相关政府可以换一种思路，利用委托服务的形式，推动该类组织开展工作，一方面解决其"非法化"的状态，另一方面也能更好地为政府所用，一举两得。

最后,给予适当的权限。鉴于"基金会赞助模式"民间环保社会组织的"地下工作"状态,政府可以给予其适当的权限,让其正大光明地开展工作。美国著名学者、诺贝尔奖获得者奥斯特罗姆在论述利用"社区自治"保护生态环境所需条件中,认为重要的一条是对组织权最低限度的认可①。我们认为,对组织权最低限度的认可不仅对于社区适用,对民间环保社会组织何尝不是如此呢?不给予民间环保社会组织必要的权限,其开展工作只会举步维艰、事倍功半。因此可尝试赋以该类组织必要的权限,让"公众检举—环保社会组织适当开展调查"这一过程合法化,当然这需要我国在公众参与机制方面做一些深层次的改革。

2. 对"政府购买服务模式"民间环保社会组织的扶持措施

首先,合理划分政府与该类组织的空间。目前必须改变"政府购买服务模式"民间环保社会组织受政府影响大的状况,要合理划分政府与该类组织在环境管理中的空间,并予以制度化。目前苏州正在推进"政社互动"——缕清政府与社会各自的空间,还原社会应有的作用。在环保领域,也应当积极推动这种"政社互动",并在体制机制上有所体现,保证该类组织发挥作用的长效性。

其次,加大政府购买力度。生态环境是一个社会的根本所在,没有生态文明,经济文明、政治文明等都是一句空话。因此各级政府应当高度重视环保事业,在政府购买以及公益创投中给予足够的资金支持。同时,市、区层面可以设置专项环保基金,为该类组织提供帮助。

再次,引导纳入市场体系。除了直接投入外,政府还可以帮助该类组织更好地纳入市场体系(与企业合作),以获得更多的资源。环保社会组织与企业之间并不是对立的关系,在很多情况下可以共赢。政府可以从中牵线,引导民间环保社会组织与企业合作,促使企业生产经营活动的"绿色"化。在这个过程中,民间环保社会组织可以获得资金,而企业可以获得利润以及"广告效应"。日本的经验值得借鉴,日本环境厅就委托环保社会组织为企业服务,服务内容涉及以下方面:接受对与普及环保型产品有关的问题开展问卷调查和访问调查,了解消费者对生态标志的认知程度,探讨普及环保型产品的方式方法;设立"生态住宅推进机构",开展生态住宅的宣传推广与研究、生态住宅设计管理人才的培训、生态型建材和室内设备的宣传推广;开展转基因食品的检查和认证工作,对符合要求的企业及其产品进行推介;等等。

---

① 埃利诺·奥斯特罗姆.公共事务的治理之道[M].余逊达,等,译.上海:上海三联书店,2000.

3. 对"志愿者模式"民间环保社会组织的扶持措施

首先，积极引导其发挥作用。"志愿者模式"民间环保社会组织的作用虽然不像另外两种模式民间环保社会组织那么明显，但其在环保事业中"拾遗补阙"的作用也是难以替代的。因此对这类组织要加以积极引导，促使其发挥作用。比如可以委托其举办一些环保活动，对其行为进行适当的奖励等。

其次，降低注册或者登记门槛。对这类组织，也可以适当降低登记注册或者登记手续，促使其向正规组织转变，以便于更好地扶持与管理。

4. 对三种模式民间环保社会组织共同的扶持措施

除了有针对性地对三种模式民间环保社会组织分别进行扶持外，还有一些扶持政策是面向三类组织共同适用的：

首先，聘请环保监督员。为更好地保护生态环境，政府应聘请一些社会力量做环保监督员，以建言献策与监督相关主体的环境行为。我国一些地方已经有所举动，但是聘请人选的标准值得商榷，被聘的人员往往是有威望者以及社会地位较高者，也许并不是真正关心热爱环保事业的人。我们认为，无论是最终的入选者，还是入选者的筛选过程，都应当让各类民间环保社会组织积极参与，发挥作用。

其次，建立政府与环保社会组织常态化沟通机制。为了更好地发挥各类民间环保社会组织的作用，还应建立政府与环保社会组织常态化的沟通机制。环保部门应定期与民间环保社会组织就生态环境问题进行交流，以更好地开展工作。

再次，鼓励公众参与。为了更好地发挥各类环保社会组织的作用，还应当积极鼓励公众参与。如通过各种载体（民意直通车、民意恳谈会等），让公众（包括各类环保社会组织）参与环境管理之中；鼓励通过"随手拍"等形式，让公众（包括各类环保社会组织）监督企业的排污状况。

第五节　推进农村环保协会建设

目前在苏州民间环保社会组织多聚集在城市（我国整体上也是如此），农村中少之又少。与城市相比而言，农村居民环境意识较差、环境保护任务更重，因此更需要民间环保社会组织。在苏州（我国整体上也是如此），大力发展农村环保协会势在必行。

1．发展农村环保协会具有重要意义

长期以来，我国农村环境管理一直推行"政府主导模式"。改革开放以来，农村生态环境问题日益复杂，"政府主导模式"的管理效果并不好。随着"村民自治"的推进，政府把一部分环境管理权下放到村委会，推进"村委会模式"，但村委会精力有限，难以为环境管理投入太多精力，影响了农村环保的效果。因此目前经济发达的农村地区可以号召由村民自发组成生态协会，开展生态环境保护工作。这种模式好处多多。

其一，生态协会模式可以用集体的力量维护环境权益。发达地区农村社区生态环境保护的重点比较突出，比如苏州农村地区，主要面临工业污染和村容环境卫生两大问题。为了应对工业污染与村容环境卫生问题，可以在部分社区组织一些文化程度较高、较有威望及热心社区事务的村民自发组成生态协会，介入社区环境管理，维护自身权益。

目前苏州已经有所举动。以笔者所调研的生态协会为例，该生态协会所在社区毗邻数十家企业，由于部分企业"偷排"，给村民健康带来威胁。为了维护自身健康权益，社区中一些老年人与积极分子自发组织成立协会，与有关部门联系，力图用集体的力量维护环境权益。之后，协会规模不断扩大，影响力也不断增加，目前其主要活动包括：一是监督企业排污。协会与企业定期进行社区圆桌会议，监督企业的污染行为。二是监督村民环境行为。协会成员积极致力于监督村民的环境行为，制止破坏公共设施行为，制止乱扔乱排垃圾行为等。三是开展环境宣传。在每年"地球日"以及特殊的节日，协会都开展各种宣传活动，提高村民的环境意识。协会特别重视社区青少年环境保护意识的教育，开展了青少年环保绘画、垃圾分类知识讲座等多项活动。四是协调村际环境保护事务。协会利用社会资本与农村人脉，开展跨社区环境协调工作。这项工作的开展也促进了协会自身的发展，使协会突破单个村庄界限，成为跨社区组织，更具生命力。

其二，生态协会模式可降低管理成本。"生态协会"尝试从政府管理到公众管理的转型，可以丰富环境管理的内涵，有着多维意义：首先，"生态协会"为环境管理增添了"有生力量"，弥补了政府管理人力资源的不足。其次，与政府环境管理相比，"生态协会"的管理具有本土化的优势，管理成本比较低。以对企业排污的监督为例，协会的监督成本很低，有时就是一种"顺便的监督"，不需要额外的成本。甚至一些呼吸道易受感染的协会成员，都成了企业偷排的"晴雨表"。再以村容卫生管理为例，协会的很多管理也是在生活中完成，成本极低。

再次，与"村委会模式"相比，"生态协会模式"更能激发村民的参与热情，培养居民参与公共事务的能力，对"村民自治"具有重要意义。

2. 促进生态协会作用的发挥仍需政策支持

"生态协会模式"的存在有种种好处，比较切合我国农村环保实际。政府应给予生态协会一定的支持，一是在设施与硬件上给予支持，如给"生态协会"安排专门的办公场地，并配备电脑等办公设施，供"生态协会"开展活动。二是在政策上予以积极扶持。首先，可以赋予协会一定的环境监督权与检查权。对社区内或者社区周边的工厂、企业，允许生态协会介入监督与检查；政府在对企业污染进行监督的时候，可适当吸收协会成员作为检查人员。其次，酌量赋予协会一定的环境处罚权。对于村民违反村内环境规章的行为，应允许协会进行适当的处罚；外来人口与企业在社区内违反环境规章，也应允许协会进行一定的处罚。再次，给予协会一定的信息支持。政府应要求相关企业公开相关环境信息，为协会有的放矢地开展工作，提供信息方面的支持。

第十一章 苏州产业生态化

产业生态化是生态文明建设的重要领域。苏州要节约资源,保护生态环境,建设生态文明,重中之重是要在三个产业发展中贯彻生态化原则,实现农业生态化、工业生态化、第三产业生态化。

第一节 苏州农业生态化

苏州是经济发达地区,人多地少,耕地面积有限。在这种情况下,苏州农业发展应当贯彻生态化原则,不仅要强调经济效益,更要注重生态效益。为此,政府要加强政策支持力度。

1. 苏州农业生态化的迫切性

前文已经提及,由于城市化的推进,苏州的农田面积已经很少。农业占苏州国民生产总值的比例不到2%,可以说微乎其微。苏州农业的价值已经很少体现在经济方面,而是主要体现在生态方面。农田可以起到储水与滞洪、缓解洪涝灾害、防治水土流失、防治地面沉降、涵养水源、缓解热岛效应以及改善局部小气候等作用,这些对于苏州的生态安全,无疑具有重要意义。

苏州农田的减少是多种原因造成的,也是一种"无奈的"结果。为了发挥剩余农田的生态效益,保障城市生态安全,苏州必须从现实情况出发,把生态原则贯穿在农业的发展之中,实现农业生态效益与经济效益的双赢。

2. 苏州农业生态化的方向

面对苏州的现实情况,苏州农业的发展方向应当是规模化、环保化、人文化与全面化。

一是规模化。苏州的农田已经不多,为了发挥仅有农田的生态效益,规模经营是必然选择。在相同的面积下,"规模农田"比"琐碎农田"有着更高的生态效益。为此苏州必须加强规模化，以取得规模经济效益与规模生态效益。近些年来，苏州农业发展一直坚持规模化的方针，2006 年，《苏州市"十一五"农业产业布局规划》明确提出建设"四个百万亩"农业生产基地。2012 年年底，苏州市政府出台《关于进一步保护和发展农业"四个百万亩"的实施意见》，明确了"四个百万亩"的具体目标。2013 年年初，苏州市第十五届人大二次会议通过《关于有效保护"四个百万亩"，进一步提升苏州生态文明建设水平的决定》，将保护"四个百万亩"上升为守住生态安全防线、保护战略生态资源、实现可持续发展的重要举措。为了推进规模化，苏州 2010 年出台了生态补偿政策，对水稻主产区，连片 1000 ~ 10000 亩的水稻田，按 200 元/亩予以生态补偿；连片 10000 亩以上的水稻田，按 400 元/亩予以生态补偿。2013 年苏州对列为"四个百万亩"保护的水稻田也予以生态补偿。凡列入土地利用总体规划，经县级以上国土、农业部门确认为需保护的水稻田，按 400 元/亩予以生态补偿。

推动规模化方针的成果主要体现在农业园区建设方面，目前苏州各级各类现代农业园区规划总面积占耕地种养面积的一半以上。苏州目前已建成了常熟市国家农业科技示范园、昆山市国家现代农业示范区、太仓国家现代农业示范区、相城区国家现代农业示范区、苏州西山国家现代农业示范区等一批国家级农业园区。

二是环保化。苏州农业还必须走环保化道路，即利用农业改善生态环境。要实现环保化，以下四个环节是不可或缺的。

首先，要少使用化肥，多使用有机肥。苏州已经有不少农村生产绿色食品——不施化肥，只施有机肥，不使用农药，只利用生物天敌防护技术，已经取得了良好效果。而且从总体上讲，近些年来，苏州化肥与农药的使用强度不断下降，生物农药使用比例不断上升，这些都是可喜的成果。但是应当看到的是，与发达国家比，还有很大差距，因此今后需要更加推广与普及有机肥与生物农药。

其次，要加强秸秆的回收利用。秸秆回收问题是农业生态环境保护中的一个大问题。近些年来，苏州加强了对秸秆焚烧的监管力度，取得了明显成效。为了进一步处理秸秆问题，需要三个维度的努力，第一个维度是要加强政策扶持，对于秸秆回收利用给予各种补贴，使农民把秸秆回收利用当作"有利可图"的事情，而不是"额外的负担"。第二个维度是要开辟秸秆利用的多种途径。比如秸秆碳化固体燃料、秸秆发电等。第三个维度是要发挥社区作用。因为焚烧秸秆局面的形成，主要在于"一家一户"的小农缺乏利用秸秆的动力，利用起来不经济。而以社区为单位组织起来利用秸秆的话，效果就好得多，无论是利用秸秆还田还是利用秸秆发电，以社区为单位处理，收益都要比"一家一户"大得多。如果以社区为单位，与市场机制结合，再以利益进行引导，秸秆回收问题就有可能迎刃而解。

再次，要因地制宜地探索生态农业的多种模式。生态农业是运用生态学原理，按照生态学规律，用系统工程的方法，组织与进行农业生产，通过提高太阳能的利用率、生物能的转化率以及废弃物的再循环率，提高农业生产力，保护生态环境以及维护生态平衡。生态意味着本土化，不需要照搬别人的做法，需要因地制宜，从自身实际积极探索。苏州在这方面有着很好的经验，在历史上就有桑基鱼塘（目前仍在不少农村运用），近些年来，苏州也首创运用生态拦截模式开展生态农业。苏州在一些村庄的蔬菜、水稻种植区内，挖掘特别的沟渠，沟渠内配置了多种水生植物，并建有透水坝和拦截坝，农田溢出的水流入沟渠，水中的氮、磷立即被拦截与吸附。沟渠内的水又被导入河道内的生态塘稀释，最后这些水从河道再泵出灌溉蔬菜。这些生态沟渠、生态塘每年可吸收 600 公斤氮、108 公斤磷，当地水体就可减少等量氮、磷的摄入，做成的富氮磷绿肥，还可用于种植施肥。2011 年，外国友人在参观完苏州的生态农业示范点之后，甚至认为苏州生态农业对生态脆弱地区的处理方面，许多做法值得欧盟借鉴。因地制宜开发生态农业潜力是无限的，苏州这方面前景广阔。

三是人文化。苏州的农业还要体现文化特色，也就是说苏州的农业要成为"农业—生态—文化"的统一体。一方面，要利用农业资源推进旅游业，发展观光农业旅游、体验农业旅游等。另一方面，要继续培养苏州农业的品牌特色，培育出更多的国内外知名品牌。

四是全面化。苏州目前耕地有限，要利用一些条件发展农业，甚至可以"见缝插农"的发展农业。苏州要大力发展屋顶农业，苏州土地资源紧张，要利用多种渠道挖掘有限的资源，积极推广"屋顶农业"。"屋顶农业"是把农业系统引入城市的一种尝试，对于改变城市局部小气候，缓解"热岛效应"，减少污染等具有重要意义。苏州目前已经开始发展"屋顶农业"，但是大规模的推广仍面临一定的困难。"屋顶农业"的发展会增加建筑成本，因此需要政府出台一些优惠政策，如补贴政策，加以引导。

苏州要大力发展都市农业。在城市化进程中，随着城市生态环境问题的增多，都市农业的价值凸显。都市农业是在城郊与市区发展的农业，它是多功能的复合体，具有生态功能（调节局部小气候）、教育功能（作为青少年环境教育基地）、安全功能（提供防火、防震等缓冲空间）、农业示范功能（以强大的城市科技实力作为支撑，可以在农业科研方面进行试点研究，将科技成果向农村地域辐射）、休闲旅游功能（成为市民休息日亲近自然的理想去处）。未来苏州农村生态系统应形成都市农业—农业园区—自然村落有机结合的网络化格局。都市农业、农业园区、自然村落三者各有所长，彼此不能替代。目前苏州经过古城区三区合并以及吴江变区后，已经进入大城时代，大力发展都市农业，对于直接缓解城市密集区的生态压力，无疑具有重要的意义。

苏州还要大力发展庭院农业。要利用一些有条件的庭院发展农业，尤其在城市中，更要加强这一方面的实践与推广。

3. 苏州农业生态化的政策支持

一是环境税政策与补贴政策。环境税与补贴对农业生态化作用很大。合理的环境税政策与补贴政策对农村和农业生态环境保护有较强的激励作用，欧盟的经验就说明了这一点，欧洲一些国家良好的农村生态环境与此不无关联。欧盟对农村环境保护的激励措施比较多，主要采取征收环境税（如对排放污染物、噪音和某些产品如农药与汽油等征收"环境税"）以及其他补偿性措施。不仅如此，欧盟一些国家还利用税率差实施激励机制，在常规化肥、农药与一些少污染、无污染的生物农药和微生物化肥之间设定税率差距，刺激与鼓励企业生产无污染产品，以提高科技水平高且无污染产品的竞争力，促进科技进步。这种做法起到了很大的激励作用，不用说在英国、法国这样的发达国家，就是在一些小国也取得了显著的成效。如奥地利从 1986 年就开始征收化肥税，尽管税率不高，但是起到了较好的制约作用，化肥的使用量逐年下降。另外，欧盟很多国家还采取补贴手段对生态环境保护进行激励。如英国政府规定，养殖农场必须有环保计划书，说明如何计划进行环保的。如果农场遵守了这些措施，政府每公顷支付 105 英镑补贴费；如果农场在改变土地用途的过程中，不施用氮肥，政府则每公顷补贴 450～550 英镑；在氮污染敏感地区，如果农地每公顷氮肥施用量小于 150 公斤，则每公顷补贴 65 英镑；如果把耕地转向种植牧草，则每公顷补助 590 英镑[①]。

而在我国，目前存在着一种"逆向激励"，如对使用化肥给予补贴。化肥对我国农村生态环境危害很大，不仅导致土地肥力下降，还导致了水污染等系列

---

① 英国农地利用保护管理[EB/OL]. 中华人民共和国国土资源部网站，http://www.mlr.gov.cn/zljc/201005/t20100525_720208.htm.

问题,这与上述逆向激励是息息相关的。

有鉴于此,当前在苏州,可以通过环境税政策与补贴政策促进农村和农业生态环境保护,尤其应强化农业补贴政策,由农户、养殖户与政府签订环保协议与责任书,对生态环境保护与资源利用做出相关承诺,一旦信守承诺并完成相关职责,政府即支付一定的补贴。对于开展循环经济、减少生化资源使用、废弃物重新利用以及保护土壤和水源等环境的行为,政府也予以一定的补贴。补贴可以以多种形式实施,例如为从事有机农业生产的农户提供农业专用资金无息贷款;对堆肥生产设施或有机农产品贮运设施等进行建设资金补贴;对采用可持续型农业生产方式的生态农业者给予金融、税收方面的优惠政策。另外需采取差异补贴机制,根据对生态环境保护有利程度划分出等级,不同等级补贴标准不同,以更好地起到激励作用。

贯彻农业生态化,尤其要加强对化肥的税收力度以及对有机肥的补贴力度,要形成巨大的"反差",这样才能彻底调动农民使用有机肥的积极性,保护好苏州农村的土地资源与生态环境。

二是专项基金政策。为了促进环保农业与生态农业的发展,苏州应设立专项基金,用于农田水利建设、农业循环经济发展等具有经济与生态双重效用的项目。

三是农业环评政策。对农业综合开发、农业区域开发、大型农田水利工程建设、"菜篮子"基地建设、绿色食品基地建设以及新、改、扩建的规模化畜禽养殖场等农业开发建设项目,需进行农业环境影响评价,编制环境影响报告书,严格按程序与标准进行。

四是政府采购政策。对一些绿色产品,苏州可以适当以政府采购的形式,部分解决市场问题,以促进环保产业和产品的发展,加强竞争力。

五是宣传示范政策。当前在苏州,人们对生态农业的认识水平还比较低,生态农业不仅需要资金扶持,同时也需要加以宣传鼓励,尤其需要通过示范基地的形式加以宣传推广。日本的经验值得我们借鉴。目前,日本在农村环境治理方面的一个重要举措是大力发展环保型农业。为了发展环保型农业,政府一方面鼓励和动员农户从事环保型农业,对从事环保型农业的农户提供资金支持或者酌情减免税收;另一方面对具有一定规模生产与技术水平并且商业效益好的环保型农户,政府还将其作为生态农业观光基地加以宣传和推广。近年来,环保型农业在日本发展很快,很大程度上得益于政府的激励。

六是农业生态规划的加强。目前苏州发展生态农业虽然取得了不小的成就,但是仍处于"碎片化"状态,尚未有一个完整的体系规划。因此需要建立一个全面的农业生态规划,以整合农业资源,推进区域农业的整体生态效益。

第二节　苏州工业生态化

苏州目前产业结构偏重于工业,而且工业中低端产业总量也比较大,对资源与环境带来较大的威胁,实施工业生态化刻不容缓。当然,工业生态化同样需要政策支持。

1. 苏州工业生态化的迫切性

苏州是典型的工业城市,工业总产值在我国排名第二,仅次于上海。近年来苏州大力发展新型产业,新型平板显示、新材料、智能电网和物联网、高端装备制造、节能环保、新能源、生物技术和新医药等新兴产业,增长较快。钢铁、纺织、化工、造纸、建材、电力6大高耗能行业产值增速低于新兴产业发展增速。但是,总体上讲,苏州市传统产业产值所占比重相对较大,经济增长方式仍属粗放型,而且产业升级转型率相对较低。这种产业现状,导致了能源与资源耗费量大。与此形成反差的是,苏州能源与资源自给率低,煤炭、石油、天然气等一次性能源均需要从外地调入。在这种情况下,工业生态化势在必行,目前苏州的综合能源利用效率为40%左右,虽高于全国平均水平,但与发达国家综合能源利用效率60%左右的现状值差距较大,有着极大的提高潜力。

另外,随着经济总量的不断提升,苏州污染物排放总量仍有逐年增加的趋势。只有实现工业生态化,才能减少污染物,这是唯一出路。

2. 苏州工业生态化的发展方向

一是减量化。苏州要加强节能减排,在原料—产品—废弃物的几个环节都提高能源与资源的利用率,从而达到节约能源与资源,减少排放的目的。近年来苏州不断致力于工业减量化,万元工业增加值能耗、万元GDP能耗、万元GDP二氧化碳排放量、单位工业增加值用水量都不断下降。但是在减量化方面,苏州仍有着巨大的潜力。

二是清洁化。苏州要在生产过程中采取整体预防的环境策略,减少或者消除它们对人类及生态环境的可能危害。苏州目前在新、扩、改建工业项目都积极贯彻清洁生产内容,采用能耗、物耗低,排污少的清洁工艺,把"三废"消除在工艺过程之中。目前在苏州,一般工业固体废弃物基本上能够实现综合利用,危险固体废弃物在综合利用的基础上确保全部得到安全处置。

三是循环化。苏州在工业发展过程,要将传统的原料—产品—废弃物链条变为原料—产品—废弃物—原料循环圈,实现物质循环,同时大大减少排放,从资源与环境两端减少压力。苏州在"苏南模式"期间产业比较分散,"村村点火、户户冒烟"。从 20 世纪 80 年代后期开始,苏州逐步推动开发区模式,启动了循环经济模式。循环化对于苏州这样一个资源缺乏而且产业密集的城市来讲,必须是坚定不移的战略。

四是集中化。产业集中具有多种好处。首先,产业集中便于集中管理,污染统一处理,有一定的规模效益。其次,产业集中有利于循环经济的发展。鉴于这两点优势,苏州必须走产业集中的道路。近些年来,苏州积极推广开发区模式,通过大大小小的开发区,实现产业集中。《苏州市生态文明建设规划(2010—2020 年)》也强调了这一点,提出围绕沿沪宁、苏嘉杭高速公路以及沿长江、沿沪浙、沿太湖形成的"两轴三带"总体产业分布格局,形成科学合理的产业布局和空间开发格局,按照"东融上海、西育太湖、优化沿江、提升两轴"的总体设想,进一步强化各级各类开发区和工业园区的载体功能,推进产业集聚,培育和壮大一批特色产业基地[①]。

3. 苏州工业生态化的政策支持

一是生态补链政策。循环经济要求以工业园区的形式集中布局工业,使一些企业的"废料"成为另一些企业的原料,通过"内循环",达到节约资源以及减少污染排放的目的。相关企业布局在一起非常关键,如果没有做到相关企业集中在一起,可以分析产业相关度,通过迁移的形式使它们集中起来,称为"生态补链"。当前,应通过一系列财政政策、税收政策等,使苏州相关企业实现聚集,实现"生态补链"。

二是落后产业的淘汰与整改政策。对一些污染高、耗能多的企业,苏州应逐渐将其纳入淘汰目录,或者通过技术整改,节能减排。

三是重点行业监控政策。对一些污染高、耗能多的产业,苏州应长期进行运营监控,勒令信息公开。

四是税费与补贴政策。对于绿色产业、技术产业,企业节能减排与技术进步行为,苏州应在信贷、税收等方面予以一定的政策支持,即给予优先贷款、税收减免等多方面的支持,加大对生态经济企业的优惠力度。对于造成污染的消

---

① 苏州市人民政府,中国环境科学研究院.苏州市生态文明建设规划(2010—2020 年)[Z].2010.

费品与消费行为,则将其列入消费税的征收范围。

第三节　苏州第三产业生态化

1. 苏州第三产业生态化的迫切性

苏州实现社会经济可持续发展,还离不开第三产业的生态化。第三产业涵盖领域广阔,不仅包括传统的餐饮、零售等行业,还包括了商业服务、建筑及与旅游有关的服务等相关行业。相对于工业而言,第三产业是环保产业,从理论上讲应当有助于环保。第三产业的生态化,对于苏州生态文明建设而言也是至关重要的,原因如下:

首先,随着社会经济的发展与人民生活水平的不断提高,第三产业的比重将越来越大。苏州目前产业结构仍然偏重于第二产业,但是第三产业的比重在逐年上升。第三产业超过工业是必然趋势。第三产业比重日益提升,意味着未来生态文明建设的重心在第三产业,因此,第三产业生态化对于节约资源与保护生态环境有着更大的贡献率。

其次,第三产业的生态化,其意义不仅在于第三产业本身的可持续发展,更重要的是它为生态农业和生态工业的发展创造了更加有利的信息条件和市场环境。这对于苏州这样一个工业大市无疑也具有重要意义。

再次,目前应当看到,苏州第三产业的发展还处于粗放型发展阶段,节能减排的潜力巨大。例如苏州目前商业发展中的“白色污染”依旧严重;交通运输业中节能减排空间很大;餐饮业中资源浪费现象仍较严重;服务业能耗依然很高;生态旅游中“不生态”现象仍不同程度存在;等等。

最后,第三产业与生活息息相关。因为生态文明建设虽然复杂,但本质上还是人的问题。没有人的环境意识,可持续发展只能是一句空话。如果消费者选择“用过就扔”的消费模式,人类就难以摆脱大量生产—大量消费—大量废弃—再大量生产的恶性循环,资源与环境问题最终难以得到彻底解决。而如果消费者大多倾向环境友好型商品以及适度消费,相关信息反馈于生产者,必然牵引与拉动环境友好型商品(使用可再生能源的商品、使用可循环原料的商品以及使用尽可能少消耗能量与物质的商品等)的使用与普及,从而减少对资源的压力以及对环境的破坏。

2. 苏州第三产业生态化的发展方向

一是低碳化。在第三产业发展过程中,应通过先进的技术,降低能耗与资源使用量。旅游业要采用先进的技术设备,运用先进的管理手段来实现节能降耗;物流业要进一步完善物流园区公共信息平台建设,提高物流信息的搜集、处理和服务能力,降低能源与资源;商业要逐步加大有机、绿色产品的销售比例,悬挂或张贴环保标识、节能标识的生态环保商品成为主力推荐商品,同时制定商贸企业《绿色商场工作标准》、节水节电管理条例等,宣传提倡绿色消费习惯,倡导使用可回收购物袋;餐饮业要推广使用绿色餐具,在餐饮行业推广碗筷餐具消毒设施,逐步停止一次性餐具的使用等。

二是升级化。苏州要实现第三产业转型升级,由低端第三产业向高端第三产业转型,耗能大的第三产业向节能型第三产业转型。以服务业为例,苏州要把现代服务业集聚区作为实现服务业跨越发展的突破口,规划建设一批产业特色鲜明、空间相对集中、服务功能集成的现代物流、服务外包、中央商务、创意产业等现代服务业集聚区,培育一批在国内外有较强竞争力,在同行业有较大影响力的现代服务业集群,提升服务业集约发展水平。

三是合理化。第三产业的发展要合理,不能过度,要以生态阈值为底线。以旅游业为例,苏州市诸多旅游景点位于生态功能敏感区,如太湖一级保护区、饮用水源保护区等。位于环境敏感区的自然生态旅游的开发,一定要以开发服从保护的原则,合理开发利用自然资源,不能超出其所在的区域的生态阈值。

3. 苏州第三产业生态化的政策支持

一是押金政策。作为一座旅游城市,旅游是苏州第三产业中最重要组成部分。为发展生态旅游保护资源环境,应要求生态旅游项目与经营单位在开发前预先交部分押金,如果经营开发没有破坏生态环境,管理部门则返还押金,以利益机制驱动经营单位履行保护环境与生态资源的责任。

二是专项检查评估政策。完善生态旅游相关法规,当前必须科学界定旅游资源保护范围与内容。苏州应定期对生态旅游项目进行专项检查评估政策,及时纠正借用生态旅游名义破坏生态环境的行为,努力监督与保证生态旅游区生态环境质量,对违反政策者,给予其严厉的惩罚并责令其承担应有的后果。

三是消费支持政策。为促进工业生态化,苏州还必须从消费端给予消费者一定的政策支持,给予选择环保产品的居民以激励。日本的经验值得借鉴,例如日本经产省针对公民个人的"低碳积分制度"就十分有效,在这个制度下,日本民众在选择购买节能商品或者服务时,可以获得积分,这些积分可以累积起来以交换商品和服务。再如在一些西方国家,虽然商店提供塑料袋,但是公众自己带塑料袋,也将获得积分奖励。苏州可以借鉴这些经验,通过消费环节,促进工业生态化。

四是税费与补贴政策。对于有利于生态环境保护的第三产业,苏州应在信贷、税收等方面予以一定的政策支持,即给予优先贷款、税收减免等多方面的支持。对于污染型的第三产业,则要对其征收较高的税收。

第十二章　　苏州循环经济发展

苏州经济发达,人口密度很大,对资源产生较大压力。为了社会经济可持续发展,建设生态文明,苏州必须积极推进循环经济。苏州是我国较早推进循环经济的城市,循环经济取得了一定的成就,当然还存在诸多不足,需要进一步完善。

第一节　循环经济对苏州的重要意义

循环经济是一种崭新的经济发展模式。其遵循的原理是物质循环(生态系统有三大功能——能量流动、物质循环、信息传递)。众所周知,工业文明创造了无与伦比的财富,但是也带来了困扰,即资源的供给问题与污染排放问题。工业革命很长一段时间内,人类工业的发展模式是"末端治理",即从自然界索取原料,生产产品,同时把大量废弃物排向自然。末端治理模式存在着二维困境:一方面,高度消耗资源,面临资源的不足;另一方面,排出的废弃物又危害人们的健康。20世纪下半叶,很多国家面临资源问题,末端治理难以为继。不少发达国家开始了节能减排,即在工业的各个环节都提高资源利用率,减少排放。20世纪60、70年代,一些国家开始发展循环经济,即通过产业链的调整,把工业的废弃物重新变为原料。循环经济比节能减排更为先进,意味着理论上可以实现零排放。

发展循环经济的重点是把工业的废弃物重新变为原料,因此需要合理的空间布局,一般采取生态工业园模式。世界上最著名的循环经济生态工业园是20世纪70年代出现的丹麦的"卡伦堡"(Kalundborg)工业园区,在这个工业园区,火力发电厂、炼油厂、生物工程公司、硫酸钙厂与一家建筑材料公司形成一个工业代谢交换体系。它以降低成本和达到环保法规的要求为目标,开辟了一条废弃物管理利用的新途径——工业共生,即将甲厂产生的废料和副产物作为乙厂的生产原料。这个工业共生体形成了生态上的循环链,节约了要素成本,增加了生产效率,减少了对环境的污染。

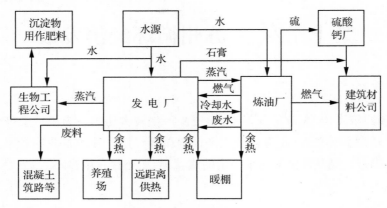

图 12-1 "卡伦堡"模式

我国是人口大国与资源小国,人均资源较少。为了资源的可持续利用,发展循环经济势在必行。苏州更是如此,前文已经介绍,苏州资源比较匮乏,发展经济的大多数资源要靠输入。同时苏州人多地少,人口密度大。面临这种情况,最好的办法就是发展循环经济,通过循环经济,一方面弥补资源的不足;另一方面又可以减少排放,一举两得。

应当看到,苏州人口与产业密集,虽然对生态环境威胁较大,但也有有利的一面,就是对循环经济发展比较有利。循环经济需要产业集中,只有这样,一些企业的废料才有可能成为另外一些企业的原料,从而实现循环。从这一维度而言,苏州发展循环经济有着有利条件。

第二节 苏州循环经济取得的成就

苏州是我国开展循环经济较早的城市。近些年来,在政府的积极推动下,循环经济取得了较大的成就,主要表现在:

1. 循环经济框架初步确立

苏州是我国最早开展循环经济的城市,也是全国循环经济搞得较好的城市之一。苏州目前已建成电子废弃物综合利用、石化废弃物综合利用、冶金(钢铁）余热余压循环利用、电厂废弃物脱硫副产品循环利用、污泥资源化利用、餐厨废弃物处置、生活垃圾焚烧发电等多条成熟的循环经济产业链。近些年来，苏州加大"补链"力度，下大气力引进需要的产业，与原有企业形成了循环链。另外，苏州还下气力发展"静脉产业"，构筑了多条以固体废弃物为原料的"静脉产业群"，这些都大大提高了资源的利用效率。

尤其值得一提的是，苏州的高新区与工业园区是我国循环经济发展最好的板块之一。在循环经济领域，苏州高新区取得了多个第一：全国首家 ISO14000 国家示范区、全国首批国家环保高新技术产业园、全国高新区中首家生态工业园、全国首家循环经济标准化示范区。工业园区也是如此，在循环经济领域也有多项创新，获得多项荣誉称号。

2．政策支持为循环经济提供保障

苏州市委、市政府高度重视循环经济，2004 年，就制定了《苏州市循环经济发展规划》，分四个层面即微观层面——企业、中观层面——产业与产业园区、宏观层面——社会、大循环圈——长三角区域，推进循环经济。之后又颁布《苏州市人民政府关于加快发展循环经济的指导意见》等文件，对如何促进循环经济做了详尽的论述。

3．农业循环经济取得了一定的成效

苏州目前农业循环经济形成了多种模式，如"农业＋加工业循环"模式、"农业＋商贸服务业循环"模式、"农业＋旅游业循环"模式、"农牧渔循环农业"模式等，提高了农业资源的使用效率。

4．循环经济研发取得一定效果

早在 2006 年，苏州就与清华大学等联合开展"苏州循环经济发展模式及示范"课题研究，旨在降低单位 GDP 能耗、物耗、污染物的排放以及有效提高固体废弃物资源化利用率。之后苏州又多次推动循环经济研发工作，取得了较为明显的成果。

5．餐饮垃圾处理取得了一定成果

苏州的餐饮垃圾处理较有特色。苏州通过招标让有资质的企业进行运作，负责收集、运输、处置餐饮垃圾。政府出面让餐饮企业与处理餐饮垃圾企业签订合同，并做好监督工作。政府与企业分工，大大促进了餐饮垃圾的处理效率。

第三节　苏州循环经济存在的不足

苏州循环经济发展目前还存在着一些不足,主要表现在以下几方面。

1. 循环经济还处于"点式"发展

从总体上讲,和我国大多数地区一样,苏州循环经济处于"点式"发展阶段。尽管经过 10 多年的推动,但得到循环经济政策资助的企业还只是少数。大多数企业还是与循环经济无缘,有的企业甚至对循环经济不是很了解。总体说来,苏州的循环经济还处于"政府推动 + 企业自觉"阶段,尚未形成一种成熟的氛围。

2. 政策促进不到位

如果把企业纳入循环经济的链条中,那么必须让企业有利可图,否则循环经济就难以真正成为企业的自觉行为,这是循环经济中的关键问题。我国循环经济发展的最大障碍,也正源于此。根据一般规律,企业发展循环经济产生效益的主要来源有三个方面:一是废弃物转化为商品后产生的经济效益;二是节约原材料带来的成本下降;三是减少的废弃物排放收费或污染物治理的资金投入。要使企业生产中的物质能够"循环起来",必须通过以制定政策为主的制度创新构建资源再利用和再生的生产环节的盈利模式,使市场条件下循环型生产环节有利可图,这样就可以形成促进循环经济发展的自发机制,达到事半功倍的效果。

但是目前在苏州(整个中国也是如此),政策机制并不足以使很多企业加入循环经济链条后一定有利可图,无论是规范性政策还是诱导性政策,都是如此,循环经济的症结恰恰在此。在规范性政策环节,目前资源定价过低、对企业排除的废弃物征收费用较低,使得企业难以产生使用循环原料的动力。换句通俗的话讲,企业可以廉价使用大量的新材料,当然就没有动力使用旧材料。在诱导性政策环节,运用财政、税收、信贷支持等优惠措施激励企业参与,思路是正确的。这些政策在发展循环经济之初会有明显的促进效果,但是其效果将呈"边际递减"趋势。这是因为早期推行的节能、节水改造及淘汰落后产能的改造主要是一般的资金投入型改造,资金需求不是很大,技术障碍也比较少,实施难度也不高,企业在政策补贴下有能力也有意愿实施改造。但是循环经济进一步发展实施难度将越来越高,往往缺乏后劲。换句通俗的话讲,我们的循环经济依靠政府强力推动,但是自身"造血功能"不足,当政府优惠停止后,循环经济也就举步维艰了。

另外,"补链"作为循环经济的重要环节,其重要性不言而喻。综合评判,苏州目前对于"补链"的支持力度还是远远不足的,需要进一步加强。

还要值得注意的是,目前苏州政策支持的"门槛"比较高,而且很多条件不是着眼环境效益,而是注重经济效益;不是注重长远利益,而是注重近期现实利益。使得部分有着良好长远环境利益的项目却难以迈进"门槛"。

3. 市场化机制不足

在一些发达国家,循环经济市场化比较成熟。政府出台政策,发布相关信息。城市开设很多相关的交易市场,企业自主交易。但是目前在苏州,尽管政府大力推动,但目前缺乏市场化机制,因此循环经济的可持续动力显得不足。

4. 成熟的体系建设尚未完成。

目前,苏州循环经济还缺乏体系建设。由于循环经济在各个领域未形成"合力",导致一个领域遵循循环经济原则,但另一领域背离循环经济原则,结果缺乏成效。日本的经验值得借鉴,日本循环经济体现在各个领域,这样整个社会形成了循环经济的"天罗地网"(表12-1、表12-2)。但是在苏州(我国其他地区也是如此),循环经济偏重于某一个领域或者某几个领域的"孤军奋战",尚缺乏成熟的体系建设。

表12-1　日本循环经济立法时间表

1970 年	《固体废弃物处理和公共清洁法》
1991 年	《资源有效利用促进法》
1993 年	《环境基本法》
1995 年	《容器包装分类回收及再生利用促进法》
1998 年	《特用家用电器再生利用法》
2000 年	《循环型社会形成推进基本法》
	《食品资源再生利用促进法》
	《绿色采购法》
	《建筑材料再生利用法》
2001 年	《多路联苯废弃物妥善处理特别措施法》
2002 年	《报废汽车再生利用法》

资料来源:杨洋.苏州工业园区循环经济发展的问题及对策研究[D].苏州大学,2011.

表 12-2　日本循环经济立法层次

法律层次	法律名称
第一层次：基本法	《环境基本法》
	《循环型社会形成推进基本法》
第二层次：综合法	《固体废弃物处理和公共清洁法》
	《资源有效利用促进法》
第三层次：专项法	《容器包装分类回收及再生利用促进法》
	《特用家用电器再生利用法》
	《食品资源再生利用促进法》
	《绿色采购法》
	《建筑材料再生利用法》
	《多路联苯废弃物妥善处理特别措施法》
	《报废汽车再生利用法》

资料来源：杨洋.苏州工业园区循环经济发展的问题及对策研究[D].苏州大学,2011。

5. 技术水平还有待提高

苏州循环经济技术在全国处于领先水平。但是以高标准衡量,其技术水平与发达国家相比差距较大,与近邻上海相比也有不小的差距。苏州大部分企业还没有能力开发大幅度提高资源利用效率的技术,一些关键技术还较缺乏。

6. 中介组织缺乏

循环经济的发展需要中介组织,废物资源回收需要大量的信息进行交易,回收时更需要中介组织合理调剂,再生产品也需要组织鉴定等,这些都依赖中介组织。在一些发达国家,中介组织比较发达,在循环经济发展中发挥了重要作用。比如日本大阪建立了一个畅通的废品回收情报网络,专门发行旧货信息,及时向市民发布信息并组织旧货调剂交易会,通过沟通信息、调剂余缺,推动垃圾减量化。德国建立专门对包装废弃物进行回收利用的非政府组织,即双轨制回收系统,接受企业委托,组织收运者对他们的包装废弃物进行回收和分类,然后送到相应的资源再利用厂家进行循环利用,能直接回用的包装物则送返制造商,这个系统的建立使得德国包装废弃物的回收利用率达到 90% 左右[①]。但是目前在苏州,中介组织比较缺乏,仅有苏州生态协会、苏州市循环经

---

① 于宏源.低碳经济:人类社会共同的发展方向[J].绿叶,2009(1).

济推广中心等为数不多的组织(即便这些组织是否真正属于中介组织,也有待商榷),与发达国家相比,差距较大。

7. 农业循环经济支持乏力

苏州循环经济大部分精力都投入城市与工业之中,农村与农业投入较少,发展相对滞后。例如农村产业园区对于农村循环经济的发展,具有重要意义。而且相比工业园区,农业产业园区发展循环经济往往需要的投入少,但是见效快,投资前景非常广阔。但是目前在苏州,农业产业园区能得到的投入非常有限。因此,农业产业园区的循环经济建设更需要政府的引导和激励机制的制定。

8. 餐饮垃圾处理压力大

在我国,餐饮垃圾是重要的社会问题。在苏州循环经济发展中,餐饮垃圾也是一个不容忽视的大问题,不仅关系到资源利用问题,而且关系到人们健康问题。目前苏州餐饮垃圾总量极大,仅市区就有上万家餐饮企业,每天产生几百吨餐饮垃圾。尽管苏州加强了管理,但是面临如此巨大的处理总量,压力可想而知。

第四节　进一步推动苏州循环经济的思路

为了更好地发展循环经济,针对目前苏州存在的不足,可以采取以下措施予以解决。当然,解决措施不能仅仅局限苏州层面,有的环节还需要全国与全省"一盘棋"的推进。

1. 建立资源初次使用税和环境税

循环经济需要科学定位资源价格体系。资源价格体系的建立不可能通过市场自发调节获得,需要政府有规划地组织生态学家、经济学家对资源价值(包括生态功能)等进行评估,计算出各种资源的生态费用。这些费用可以以税收的形式计入某种产品或某项服务的市场价格,从而促使相关产业对自身的传统经济模式进行调整。

对于苏州而言,真正推动循环经济的发展,其一,应当征收资源初次使用税,征收资源初次使用税可以促使企业少使用原生材料。其二,还应对散煤、含铅汽油等易污染环境的能源征收特别消费税。其三,应酝酿征收环境税。

2．加强立法

推进循环经济离不开法制建设。前文提到，日本推进循环经济的特点是法制比较健全，而且形成一个完整体系。各个领域的法规紧密结合，形成合力，形成循环经济的"天罗地网"。苏州循环经济的发展，也需要有完善的法规。囿于级别的限制，苏州应有国家层面以及省级层面的积极合作，完善相关法规。另外苏州可从自身实际出发，在可行的领域积极推动相关规章制度建设。

3．打造完善的信息化平台

在苏州循环经济的发展中，目前循环经济园区内部的信息沟通机制已经相对健全，对于企业对接废料与原料、降低成本具有重要意义。但是仅有内部的信息沟通机制还是远远不够的，如果发生突发事件，将对上下游产业形成很大的威胁。为此必须建立和完善省级、市级、区级（县级市）循环经济信息化平台，并注重各级信息平台之间的信息互动与沟通。在苏州层面，需要建立苏州市生态工业园信息交换中心，负责收集整理产业信息和废物信息，包括园区废物组成及流向和流量信息、生产信息、市场信息、技术信息等。

4．加大政策扶持力度

为了推动企业发展循环经济的积极性，苏州应进一步降低循环经济门槛，给予更多企业以资助；同时将一些具有长远利益的企业纳入资助范畴。

要加大对"静脉产业"的支持力度。"静脉产业"作为环保行业的一种，有着投资大、回收期长、企业运营成本高等特点，因此在国家政策外，能给予一定的额外支持，如针对企业处置设备的研发、设备的制造等，应考虑给予专项支持。同时，鉴于"静脉产业"的特殊性，应当走"龙头企业"的道路。应指导成立行业管理协会，扶植具有一定规模且管理规范的再生资源回收企业，或者推进多家再生资源的兼并和整合，鼓励其通过联盟和合并来建立再生资源股份有限公司。

另外，需要加大循环经济的税收支持力度，当前尤其要加大对企业购买环保设备、开发先进工艺给予税收抵扣和加速折旧等优惠政策的支持力度。

除了经济上的资助外，还要给予循环经济突出的企业与单位颁发荣誉，这也是政策扶持方面不可或缺的环节。

5．提高循环经济科技的水平

技术环节对于循环经济十分关键。如果技术落后，不仅循环不充分，而且还会加大循环经济的成本，为此必须加强循环经济的科技水平，为循环经济提供保障。建议对苏州循环经济投入研发的企业给予一定的税收减免。建议设立"苏州循环经济创新奖",对于促进循环经济有着明显效益的科技工艺,给予相应的奖励。

6. 鼓励循环经济园之间资源整合

目前在苏州,大部分的循环经济园是为了配合循环经济的规划而建立起来的,具有明显的内在封闭性,在特定空间内,具有一定的循环效应。但是循环经济工业园也不一定得独善其身,为了进一步推动循环经济,还可以更"开放性"地建设循环经济工业园。一是打造"虚拟循环工业园区"。"虚拟循环工业园区"打破地域界限,通过网络建立成员间的物料、能量关系数学模型和数据库;选择适当的企业组成工业生态链;区外企业只要能够相互共享物质与能源,就可以参与园区的运作,实现建立在快速信息流交换基础上的物流交换。二是推进循环经济园区之间的"循环"。循环经济园区之间进行物质交换的,政府可以给予一定的运输补贴,鼓励循环经济园区之间的资源整合。

7. 培育循环经济中介组织

建议政府出面,重点培育一批有潜力的循环经济中介组织。对发展废旧物资循环利用的社会中介组织给予一定的经营补贴。建议给予循环经济中介组织相关的税费减免,对经营用水、用电等按照民用标准收费。对在循环经济中发挥较大作用的中介组织,政府可以酌情给予一定的奖励。

培育循环经济中介组织,还需要政府适当放权,把相关的服务以及协调工作交由循环经济中介组织。

8. 加大对农村循环经济的补贴

除了城乡之间生态补偿以及农村秸秆补贴等土地补贴外,要探索对农村利用再生能源如风能、地热能、清洁电能等给予一定的补贴。

第五节　苏州餐饮垃圾问题

餐饮垃圾是苏州循环经济中的大问题,其不仅涉及原料循环问题,还涉及食品安全问题,是由生态问题与社会问题组成的复合问题。

1. 餐饮垃圾回收环节面临的问题与难题

目前在苏州,餐饮垃圾回收环节还面临一些难题。首先,由于利益的驱使,大型餐饮单位的餐饮垃圾大量容易流入非正规渠道(用于生产"地沟油"与饲养"垃圾猪"等)。餐饮机构把餐饮垃圾卖给地下加工厂或者养殖场,能够带来不菲的经济收入，而且对方还上门收购，对于餐饮单位来讲既实惠又方便。而把餐饮垃圾交由政府或者委托机构处理，还要缴纳处理费（即使不收处理费也没有补贴）。在经济利益的驱动下，餐饮单位更愿意将餐饮垃圾送给非正规渠道回收。

其次，由于追求处理的方便，小型餐饮单位将餐饮垃圾混入生活垃圾之中。不少大型餐饮单位受利益驱使，餐饮垃圾容易流入地下加工厂与养殖场。而一些中小餐饮机构，尤其是流动性餐饮单位，其餐饮垃圾的去向则更为复杂：除了卖给地下加工厂以及养殖场以外，一部分餐饮单位为了方便起见，往往把餐饮垃圾混入生活垃圾中或者下水道中。这带来两个弊端：一是带来了资源浪费。部分餐饮垃圾中含有可以回收利用的物质，混入生活垃圾中或者下水道中，是一种浪费。二是加大了垃圾处理难度。很多餐饮垃圾水分较大、含油较多，混入普通生活垃圾中，使普通垃圾的回收与处理难度变大；而倒进下水道后则既破坏城市排水系统，又污染环境。

再次，由于人力资源的匮乏，餐饮垃圾回收监督与管理工作比较困难。在我国大部分城市，就管理环节而言，餐饮垃圾主要归口环保与城管等部门进行管理。无论归属哪个部门管理，当前都面临着管理人力资源不足的困扰。苏州也是如此，仅市区就有餐饮单位上万家，而相关的管理者只有区区几百人，而专门的管理者更是少之又少。餐饮垃圾需要大量的监督与管理工作，人力资源的不足，使得相关的管理工作"捉襟见肘"，监督工作很难落实。就收集环节而言，目前餐饮垃圾主要由环卫工人进行回收（回收餐饮垃圾也只是环卫工人众多职责中的一项职责），相对于众多的餐饮单位，环卫工人的数量也严重不足。餐饮垃圾面临管理者与回收者"两头"人力资源不足的困扰。更为重要的是，在"两头"人力资源均不足的情况下，管理与回收二者之间还有所脱节。管理者并不回收垃圾，难以对餐饮垃圾动态变化做出有效判断与及时监督，而环卫工人只是负责回收餐饮垃圾，并没有执法权，管理与回收二者之间脱节的状况，更加大了餐饮垃圾回收的难度。

最后，由于法规的不健全，相关违规行为的处理缺乏力度。在我国，在餐饮垃圾的回收方面，很多城市都缺乏比较具体的法规，或者相关法规还不健全，导致相关管理工作缺乏强有力的法律保障。以苏州为例，2010 年前，苏州市管理餐饮垃圾主要依据《苏州市餐饮业环境污染防治管理办法》以及《苏州市食用农产品管理条例》等法规。《苏州市餐饮业环境污染防治管理办法》规定，禁止经营者直接排放污水、油烟，倾倒厨房垃圾、餐余垃圾。《苏州市食用农产品管理条例》规定,餐饮垃圾如果未经加工处理,不能直接用于喂养生猪。但是相关法规还缺乏针对性。

2010年,为应对餐饮垃圾大量流入非正规渠道的严峻形势,苏州市出台了《苏州市餐厨垃圾管理办法》,对餐饮垃圾进行了专门立法,也是我国较早立法的城市。但仔细分析,也能发现其中不少不足之处:一是处罚力度还是偏轻。《苏州市餐厨垃圾管理办法》规定:违反本办法规定,食品生产经营者将餐厨垃圾提供给不具有经营性回收、运输、处置服务许可证的单位回收、运输、处置的,由市容环境卫生行政主管部门责令限期改正,逾期不改正的,可处以1000元以上1万元以下罚款①。餐饮垃圾目前已经成为关系人们健康的重大社会问题,这样的处罚力度难以真正起到警戒、威慑作用。而且《苏州市餐厨垃圾管理办法》并没有对连续违规行为如何处罚进行明确规定。国外不少类似法规都有"累进"处罚的规定,对第一次违规,处罚一般较轻,之后的处罚力度逐渐加大,几次之后,甚至勒令停业。而《苏州市餐厨垃圾管理办法》并没有这样的"累进"效应,也难以真正起到威慑作用。二是指导性条文比较多,可操作性的条文比较少。例如《苏州市餐厨垃圾管理办法》规定:食品生产经营者每年应当向所在地市容环境卫生行政主管部门申报本单位餐厨垃圾的处置方式等情况;委托回收、运输、处置的,应当交给具有经营性回收、运输、处置服务许可证的单位进行处理,并按照规定承担相关的费用②。但是,对于没有照此执行的经营者到底采取何种处理方式,则缺乏明确的规定。

客观地讲,在我国,苏州是较早针对餐饮进行专门立法的城市,大多数城市对餐饮垃圾的管理,还远远落后于苏州市。苏州市的立法尚且存在不少不足之处,其他大多数城市的状况就更可想而知了。

2. 促进城市餐饮垃圾合理回收的建议

餐饮垃圾关乎人们健康与社会稳定,是和谐社会建设不可忽略的重要环节。餐饮垃圾的回收是一项复杂的社会工程,不能仅仅依赖政府,必须调动一切可以利用的行政资源与社会资源,同心协力,众志成城。具体而言,当前应从以下几个环节着手,推进城市餐饮垃圾合理回收。

第一,尽快完善立法。当前应尽快完善相关立法,为餐饮垃圾回收提供相关的法律依据。一是在专门性的法规中,应加大对餐饮垃圾违规行为的打击与

---

① 苏州城管网,http://www.srsz.suzhou.gov.cn/zcfg.asp.
② 苏州城管网,http://www.srsz.suzhou.gov.cn/zcfg.asp.

惩罚力度。二是专门性的法规应翔实、具体与可操作,真正为餐饮垃圾的回收提供坚实的法律保障。

第二,实施标准化管理。苏州餐饮垃圾已经实施标准化管理,在此基础应进一步实现三个"统一"。一是餐饮垃圾统一由城管部门牵头管理,具体回收工作由城管部门选聘的协管员负责协调。协管员可入驻社区,与当前社区劳动与社会保障、计划生育等协管员一样,集体办公,承接政府委托的事务。每个社区协管员负责各自社区餐饮垃圾管理以及回收工作,指挥环卫工人回收属地餐饮垃圾,城管部门应授予协管员一定的代理执法权。这样,餐饮垃圾的回收就变为属地管理模式,每个社区协管员负责辖区内的餐饮垃圾回收工作。在此基础上,全市范围内就可以全方位覆盖,无缝对接,而且责任可以分解到人,大大提高了工作效率。二是政府为餐饮机构餐饮垃圾处理提供统一的设施,即专门用于餐饮垃圾回收的垃圾筒。当然,在有条件的基础上,也可以在回收的过程中先进行简单的分类处理。三是在统一的时间回收餐饮垃圾,这样便于提高效率与节省成本。

第三,整合相关行政管理资源。餐饮垃圾回收与管理工作非常复杂,尽管可以落实到城管单一部门全权负责,但仅仅凭借一两个部门的力量,难以应付复杂的局面。我们可以借鉴计划生育的管理经验,整合相关行政部门资源,实现部门联动的管理模式。具体思路如下:以城管牵头,成立由环保部门、公安部门、卫生部门、宣传部门等组成的联合组织,定期召开联席会议。各部门根据自身特点,分工协作,联合监管。一方面对餐饮单位加强管理;另一方面通过联合执法,对黑作坊以及养殖场等加强盘查以及监管力度,从"两端"杜绝餐饮垃圾非法回收与处理现象。

第四,对餐饮单位进行适当补贴。餐饮垃圾处理难点在于利益问题。为此,我们应通过高处罚与适当补贴相互结合的办法,调动相关主体的积极性。一方面,由于餐饮垃圾回收是关系人们健康的重要问题,因此为违反垃圾处理规定的单位,应适当加大处罚力度;另一方面,当前可以考虑免收餐饮垃圾处理费,并给予适当的补贴,以调动餐饮单位的积极性。

第五,实施餐饮垃圾处理绿色认证。当前,我们可以借鉴西方国家相关管理经验,在餐饮机构中推行餐饮垃圾处理绿色认证。对于那些遵守垃圾处理规章的餐饮机构,由管理部门颁发餐饮垃圾处理绿色认证牌匾。同时通过媒体广泛宣传,引导居民到通过餐饮垃圾处理绿色认证的饭店消费。由于餐饮垃圾与人们的健康息息相关,因此对于餐饮单位而言,餐饮垃圾处理是否获得绿色认证将对餐饮单位产生一定的社会压力,这样对于规范餐饮单位的行为也就具有一定的约束作用。

第六,加强社会监督。餐饮垃圾的管理工作十分艰巨,仅仅依赖相关政府部门的力量是远远不够的。只有发动全社会的力量,把餐饮垃圾的管理由"行政管理"转变为"社会管理",相关管理工作才能真正落到实处。尤其要看到的是,部分大型的餐饮单位相对好管理一些,餐饮垃圾的回收工作也相对规范一些。而大量非营业性质的餐厅、流动摊点和夜排档的餐厨垃圾,则非常难以管理,餐饮垃圾的回收难度极大。在这种情况下,有关管理部门必须调动社会力量参与管理。具体思路如下:一是实行有奖举报制度。管理部门应发动居民参与监督餐饮垃圾的回收与处理,对内容真实的举报给予一定的奖励。二是实施社区参与制度。管理部门应充分发挥社区志愿者、社区党员、社区骨干的作用,通过社会资本与社会网络开展工作,构筑餐饮垃圾管理的"天罗地网"。

第七,加强社会宣传。餐饮垃圾问题目前已经成为一个重要的社会问题。这一问题具有全民性特征,即人人都是受害者,人人也都是施害者。鉴于餐饮垃圾这一全民性特征,当前必须加强社会宣传,提高人们的环保意识与防范意识,这才是处理餐饮垃圾问题的根本。一是通过相关宣传,提高人们的节约意识,在餐饮单位消费时,尽量不留残余,或者把吃剩下的食物打包带走,从"源头上"减少餐饮垃圾的数量。二是通过相关宣传,造成一种社会舆论,使公众自觉拒绝那些把餐饮垃圾送给地下经济的餐饮单位,促使餐饮单位的餐饮垃圾回收规范化。

第十三章　苏州居民环境意识

　　生态文明建设归根结底是人的问题,居民环境意识对生态文明建设至关重要。目前在苏州,居民环境意识状况不容乐观。因此需要多渠道提高居民的环境意识。

第一节　居民环境意识对生态文明建设的重要意义

　　1. 人的环境意识是生态文明建设中的关键因素

　　生态文明建设的关键在人,人的环境素质是生态文明建设的重中之重。没有人的环境意识作为保障,生态文明建设只能是无源之水、无本之木。离开人的环境意识谈论生态文明建设,就会把生态文明建设还原为一个简单的技术问题,导致"见物不见人"的误区。当今世界,生态文明建设良好的国家,也是公众环境意识较好的国家,二者有着高度正相关关系。我们也很难想象,生态文明建设能够在一个公众环境意识低下的国家蓬勃发展。

　　2. 消费文化为生态文明建设起到导向作用

　　人的环境意识对生态文明建设的支撑作用还体现在消费文化环节。生产与消费之间有着密切的关系,生产决定消费,消费对生产也产生反作用。社会的消费文化对生态文明建设有着重要的导向作用。如果消费者选择"用过就扔"的消费模式,人类就难以摆脱大量生产—大量消费—大量废弃—再大量生产的恶性循环,生态环境问题最终难以得到彻底解决。如果人们形成选择较少包装产品的意识,那种过度包装高碳的产品就必然没有市场,在强大的压力下,生产企业也必然改变思路来迎合人们的少包装低碳偏好,这是消费环节对生产环节的反馈机制。总之,倘若整个社会没有形成合理的消费文化,仍然选择高耗能产品,生态文明建设就只能是空中楼阁。

3. 低碳生活方式对生态文明建设不可忽略

人的环境意识对生态文明建设的支撑作用同样体现在生活领域。生态文明的核心是节约能源、减少排放。为达到节约能源、减少排放的目的,人们需要在生产领域与生活领域两个维度做出努力,实现"双轮驱动"。在生产领域,人们可以依托低碳经济与循环经济,达到节能减排的目的。但是仅有生产领域的努力是远远不够的,还必须有生活领域的配合。比如当前人类社会的碳排放大约70%来自生产领域,大约30%来自生活领域。在生活领域,人们通过改变生活方式,同样能够达到节能减排的目的。

在生活领域,目前人们节能减排的潜力很大,如果充分发挥生活领域节能减排的潜力,对生态文明建设意义重大。联合国环境规划署2008年6月发布公报指出,在二氧化碳减排过程中,普通民众拥有改变未来的力量,只要个人在平时稍稍改变一下,就可以实现"消除碳依赖"和减少"碳足迹"。公报并对个人低碳生活方式提出了建议:如用烤面包机而不用烤箱,就可以少排放近170克的二氧化碳;用传统发条式闹钟替代电子钟和用传统牙刷替代电动牙刷,可减少96克/日的二氧化碳排量;把电动跑步机上45分钟的锻炼改到附近公园慢跑,可减少近1千克二氧化碳排量;不用洗衣机甩干衣服而用自然晾干,可减少2.3千克二氧化碳排量;午餐休息和下班后关闭电脑,可将电脑二氧化碳排量减少1/3;改用节水型沐浴喷头,不仅可节水,还可把3分钟热水沐浴所致的二氧化碳排量减少一半①。我国由于人口众多,公众生活方式的改变更能取得巨大的节能减排效应,如全国减用10%的塑料袋,可节省约1.2万吨标准煤,减排31万吨二氧化碳②。

第二节 苏州居民环境意识状况不容乐观

在生态文明这一系统工程中,居民的环境意识十分重要。我国生态环境状况较西方发达国家差距较大,这与我国公民环境意识不足是密不可分的。苏州虽然是较为发达的城市,但是与西方发达国家相比,居民环境意识状况仍不容

① 气候变化与低碳生活[EB/OL].分析测试百科网,http://www.antpedia.com,2010 – 08 – 10。

② 低碳经济呼吁戒除"便利消费"和"面子消费"[EB/OL].人民网,http://www.people.com.cn,2009 – 09 – 25。

乐观。

1. 社会生态价值观存在缺陷

生态文明建设必须以合理的生态价值观为指导。但目前在我国(包括苏州),合理的生态价值观尚未建立,甚至出现价值观本身矛盾与冲突的局面。如一方面我们提倡节约型社会建设,另一方面整个社会的舆论导向与价值取向又偏向消费社会;一方面国家(政府)倡导公交优先推动节能减排,另一方面整个社会又在积极发展小汽车,使人无所适从。这样模糊与不确定的价值观念必然带来人们行为的不确定性,也使得人们难以形成支撑生态文明建设的社会合力,使得生态文明建设往往只成为经济领域的事情,而难以获得整个社会的认同,这是不利于全社会生态文明建设的。

2. 良好的消费文化尚未形成

当前,由于处在发展阶段以及一些其他方面的原因,我国公众缺乏合理的消费文化,公民选择低碳产品与环境友好型产品的意识还比较差,这在一定程度上也成为生态文明建设的障碍。苏州也是如此,合理的消费文化尚未形成。在一些发达国家,很多居民选择低碳产品与环境友好型产品已经成为一种习惯,例如选择自行车作为交通工具、自觉自带购物袋购物等。而在苏州,大多数公民还没有良好的环境意识,整个社会也没有形成合理的消费文化氛围。仅以高学历人群的高校学生为例。我们曾经对苏州高校学生消费文化进行过实地调研,发现以下问题:第一,浪费消费严重。任何一个高校的食堂中,粮食浪费都是触目惊心的。高校学生其他领域的消费也存在大量的浪费现象。第二,炫耀消费盛行。不少学生为了面子或出于从众心理,消费超出了实用的目的与自己的承受能力。从宏观角度讲,这种消费增加了社会的能源与资源负担;从微观角度讲,这种消费给个人心理与家庭带来沉重的负担。第三,非环境友好型消费普遍。表现在购买一次性产品(如一次性饭盒)以及非再生原料产品现象比较普遍,购买过度包装的商品现象也较为普遍。第四,畸形消费大有人在。例如购买野生动物制品,食用野生动物相关食品等。这些行为都增加了生态负担,不利于节能减排。高学历的高校学生群体尚且如此,其他群体的消费文化状况更可想而知了。

3. 居民的环境意识不足

当前,我国的环境意识不容乐观。一项调查表明,英国、德国、法国、日本等国家,有半数以上的民众认为全球变暖是一个严重问题,在日本的这一比例达到73%,即使是对建设低碳社会不积极的美国,这一比例也有42%。在所有受访国家中,我国的这一比例最低,只有 24%①。

以上数据从侧面说明了我国公众环境意识的不足。当然,公众环境意识的不足不仅仅反映在理念层面,更反映在实践中。前些年,我国某城市举办啤酒节,数万人狂欢,短短几个小时就将几十吨啤酒倒个精光。某城市在夏季举办冰雕展,每天制冷机至少耗电上万度,这样的例子不胜枚举。总之,对于建设生态文明,一些发达国家已经有比较强的民意基础与公众环境素质基础,而我国目前的情况仍不容乐观。

具体到苏州,由于社会经济较为发达。社会建设较为成型,居民的环境意识相比全国平均水平好一些,但与发达国家相比也存在较大差距。我们曾在苏州发放 400 份调查问卷(城市居民与农村居民各 200 份),就公民的环境意识(选取参与环保意愿与环境知识水平两个维度)进行调查,调查结果不容乐观。

在参与环保意愿方面,有 127 人愿意参与生态环境保护事业,仅占总数的 31.75%。其中愿意义务参与生态环境保护事业的只有 45 人,更是仅占总数的 11.25%。不愿意参与生态环境保护事业的有 221 人,占总数的 55.25%。选择无所谓的有 52 人,占总数的 13.00%。尽管我们的样本总量比较小,在样本选择代表性方面也没有经过科学的设计,但管中窥豹,这个数据多多少少说明了苏州环保事业公民参与意愿的不足。

在环保知识水平方面,能够正确回答世界环境日的居民有 85 人,仅占总数的 21.25%。能够正确回答造成温室效应的气体的居民有 214 人,占总数的 53.50%。能够正确回答绿色食品含义的居民有 97 人,仅占总数的 19.25%。能够正确回答可持续发展含义的居民有 66 人,仅占总数的 16.50%。能够正确回答再生能源概念的居民有 143 人,占总数的 35.75%。能够正确回答排污权交易制度的居民有 23 人,仅占总数的 7.75%。很显然,人们对环境知识的掌握情况不容乐观。

第三节　多渠道提升苏州居民环境意识

针对苏州目前居民环境意识的现状,政府需要通过多种渠道,多管齐下,提升居民的环境意识。

---

① 洪大用.中国低碳社会建设初论[J].中国人民大学学报,2010(2).

1. 通过政策推动保证低碳产品与环境友好型产品的竞争力

在我国当前的国情下,公众环境意识还没有达到一定层次,公众缺乏自觉选择低碳产品与环境友好型产品的意识。苏州也是如此,公众选择低碳产品与环境友好型产品的意识比较弱。为此政府应通过相关政策,提高低碳产品与环境友好型产品的竞争力,引导公众选择低碳产品与环境友好型产品。低碳产品与环境友好型产品能够最终战胜高碳产品以及传统产品,必须满足两个条件:一是价格方面比高碳产品以及传统产品有优势;二是不能以牺牲居民的方便与福利为代价(我国这方面教训很多),这样公众才能对低碳产品与环境友好型产品充分认同,生态文明基础才能得以构建。为此,以下政策必不可少:

首先,给予生产低碳产品与环境友好型产品的企业以一定的政策优惠。例如补贴、减免税、优先贷款等,同时加大对高碳产品的税收,加大对未达标企业或产品的处罚力度。这样低碳产品与环境友好型产品在价格方面才能有优势,从而比高碳产品以及传统产品更有竞争力。

其次,从消费端给予选择低碳产品与环境友好型产品的居民以激励。如前文所说过的日本经产省针对公民个人的"低碳积分制度",在这个制度下,日本民众在选择购买节能商品或者服务时,可以获得积分,这些积分可以累积来交换商品和服务。再如在一些西方国家,虽然商店提供塑料袋,但是公众自己带塑料袋也将获得积分奖励。

2. 本着相关性和通俗性的原则进行环境宣传与教育

推进生态文明建设,加强宣传与教育是不可或缺的重要环节。提高公民环境意识与打造合理的消费文化,都离不开宣传与教育。苏州高度重视环境宣传与教育工作,为此投入了很大的精力,这是毋庸置疑的,但关键问题是宣传方式方法要科学合理,为此,提出以下建议。

首先,宣传与教育要体现利益相关原则。在公众环境意识还不是很高的情况下,环境宣传一定要体现利益相关原则,这样才能调动公众接受环境知识、树立环境意识的积极性。例如在向公众灌输低碳经济理念与知识方面,就要结合低碳经济与公众健康的关联、低碳经济对公众生活的影响、低碳消费可以带来的收益等话题,这样的宣传与教育由于离公众利益与生活很近,容易引发他们的兴趣,可以提高宣传与教育的效果。

其次,宣传形式要直观与通俗。直观与通俗的宣传更容易深入公众与消费者的内心,促使其改变行为。日本的经验值得借鉴,比如在低碳产品的宣传与教育方面,日本政府致力让日本民众清楚地知道自己在生活中的各个环节里分别排放了多少温室气体，而且如果要减少这些排放需要花费多少费用，希望以此唤起日本民众低碳意识和生活方式的变革，进而从国民意识开始，促进日本产业结构和企业经营方式的改变，最终推动日本走向"最尖端"的低碳社会。为了让消费者"看得见"每天所购买的生活用品和享受的服务中温室气体的排放量，日本政府决定从2009年开始实施"碳足迹"和"食物运送里程"项目来测定产品与食物从生产制造、运输、消费到最终废弃的整个生命周期中温室气体的排放，这样消费者在选择产品时就有了参考，从而做到更低碳地消费与生活。

再次，宣传方式要多样化。如发挥广播、电视、报刊等多种媒体的作用，开辟生态文明建设专栏；发布公益短信进行宣传；利用社区、学校、单位等进行宣传；利用网络形式进行宣传；举办各种知识竞赛，调动居民参与的积极性；等等。

3. 为环保产品与服务提供相关设施保障

居民环境素质的提高，需要有关部门为环保产品与服务提供相关设施保障。以电动汽车为例，如果让公众选择电动汽车，必须在设施与服务上有所保障，比如具备方便的充电设施以及方便的电池设备，与传统的汽车相比，至少不能牺牲居民的方便与福利，这样人们才会积极主动地选择电动汽车。当然，为环保产品与服务提供相关设施保障并不是苏州一个城市所能为的，需要全国层面的积极推进。

4. 积极建设环保志愿者队伍

志愿者队伍建设也是建设生态文明不可缺少的力量。志愿者队伍建设，无论对提高志愿者的环境意识，还是对提高公众的环境意识，都有重要作用，因此对生态文明建设有着重要的意义。因此当前可以依托社区、学校等组织，加强志愿者队伍建设。

5. 注重把提高居民环境意识环节与其他社会运动相结合

在一些发达国家，提高居民环境意识的运动与其他社会运动总是有机结合的。我国也不例外，环境素质提高也需要其他社会领域的支撑与耦合，尤其需要公民社会的支撑。没有成熟的公民社会支撑，环保事业只能在社会经济发展中独善其身，成为空中楼阁，缺乏民众基础。苏州目前可以把提高居民环境素质的工程与公民社会建设工程有机结合起来，这样能够一举两得。

第十四章　苏州融入长三角生态文明一体化建设

在全球化的今天,任何城市的生态文明建设都不能只是独善其身,必须融入区域之中。苏州生态文明建设不能局限于自身视角,还必须与周边结合起来,尤其与长三角区域各城市形成生态共同体,一体化地考虑问题。

第一节　城市生态文明建设不能只是独善其身

地球生态系统各部分是普遍联系的,这是生态学的第一定律。地球生态系统各部分之间广泛发生着物质交换、能量传递以及信息交换,这是一种客观事实,是不以人的意志为转移的。关于这一点,美国生态学家洛伦兹做过精辟的比喻。他说:"在巴西,一只蝴蝶扇动翅膀,在美国得克萨斯会引发一场龙卷风。"此即前文所说的"蝴蝶效应"。人类尽管给地球表面划分了许多行政界限,但这种界限并不能阻隔生态上的联系。如果我们在天空中鸟瞰,从生态系统角度而言,人为的行政界限是看不出来的。行政区域只是我们的主观划分,而生态联系则是客观存在的。普遍联系这种生态规律,是不会因为人为的行政区域划分而加以改变的。相反,正是由于行政界限的原因,割裂了生态系统的联系,由此造成的后果才是生态环境保护中的痼疾。大到全球,小到一个地区,都是如此。

当然,在历史的长河中,在绝大多数时间里,山脉、沙漠、河流等自然界限还是分割了不同的生态系统,也在一定程度上分割了生态系统中的不同物种。但随着全球一体化的进行,人流以及物流流动的加剧,人类的生态联系强度也比以前大大提高了,生态全球化开始出现。一些生态物理界限已经被打破,并引发了一些不确定的后果。斑纹蚌在北美五大湖的泛滥就是典型的例子。斑纹蚌最早分布在欧洲的里海,后来通过压舱水被带到了北美五大湖。由于当地的自然条件非常适合其生长,因此其繁殖非常迅速,并给当地带来了巨大的生态灾难。斑纹蚌在五大湖摄取了大量的水藻,使当地的物种数量急剧减少,给整个生态系统带来了紊乱。大量的斑纹蚌甚至堵死了取水口的管子,人类的损失是惊人的,据估计,短短几年内的损失就超过 30 亿美元①。

　　生态全球化的后果是令人吃惊的,要远远超过斑纹蚌的危害。例如在风和水流的作用下,现代工业的污染甚至被转移到一些"世外桃源"。美国一些研究机构吃惊地发现,爱斯基摩人体内多氯联苯的含量非常高。后来的研究证明,多氯联苯以及一些化学物品在风尤其是洋流的作用下,进入了因纽特人所在的北极圈的食物链中,先是进入了鱼的体内,而后进入海豹的体内,之后进入北极熊的体内以及进入鲸鱼的体内,最终在生物链的富集作用下进入了人的体内,这时候浓度也是最大的。另外一个重要的案例来自北欧国家。北欧国家很少发展重工业,但酸雨却很严重,究其原因,就是一些中欧国家的污染随着大气流动转移而造成的。

　　在生态全球化的过程中,国家与国家之间、区域与区域之间、城市与城市之间必须处理生态联系与行政分割的关系。水资源的利用就是一个典型,凡是跨行政的水资源利用,都面临这一问题,甚至是国际性难题。在具有共有河流的国家中,关于水资源的如何分配已经成为一个焦点问题。在当今世界,埃塞俄比亚、埃及以及苏丹等国家围绕着尼罗河,印度与孟加拉国围绕着恒河,伊拉克、叙利亚以及土耳其围绕着底格里斯—幼发拉底河,都展开激烈的博弈,各方都争着用水。甚至有人大胆的预测:"20 世纪的战争是因为石油,21 世纪的战争一定是因为水。"②

　　到目前为止,在解决这些问题上,人类还没有什么好的办法。里海也是一个典型。里海周围有六个国家,由于各国都持有"你不排污别国也会排污"的心理,造成"囚徒困境",结果就是各国都往里海排污,里海成为"公共垃圾箱"。国家之间如此,即使同一国家中的水域,也面临行政分割的问题。在我国,凡是跨行政区域的水生态公共地,往往也是矛盾丛生的地域。

　　城市生态文明建设也是如此,一个城市仅仅"独善其身",无法建设生态文

---

　　①　希拉里·弗伦奇.消失的边界——全球化时代如何保护我们的地球[M].李丹,译.上海:上海译文出版社,2002.

　　②　桑德拉·波斯泰尔.最后的绿洲[M].吴绍洪,译.北京:科学技术文献出版社,1999.

明。大气、水是流动的，不因为行政区划就改变自身规律。从理论上讲，全球生态系统都是普遍联系的，只是程度深浅而已。城市之间距离越近，生态要素的耦合程度越高（比如属于同一水系等），则生态联系越紧密。至少可以认为，一个城市的生态环境状况，与周边城市的生态环境状况是息息相关的。我们很难想象，相邻的城市，一个城市是"碧水蓝天"，而周边城市则全是"黑烟囱"，这在逻辑上是不成立的。目前，国内外大量城市都在积极探寻区域环境合作，这种趋势就是生态一体化理念的最好诠释。

第二节　苏州生态文明建设与长三角区域紧密相关

苏州生态文明建设不能只是独善其身，必须融入区域之中，尤其要融入长三角之中。就生态联系紧密度而言，苏州的生态系统与长三角区域是紧紧联系在一起的。

首先，从自然角度而言，长三角是一个生态区域整体。因为长三角各个城市存在着密切的生态联系，一江（长江）、一湖（太湖）、一海（东海），这三个"一"以及密密麻麻的水道，把长三角各城市生态牢牢地黏合为一个整体，形成"一荣俱荣、一损俱损"的唇齿相依的关系。

其次，从社会经济角度而言，长三角也是一个生态区域整体。长三角区域人口密集，能源消费密度高，各种资源消耗集中。工业和生活废弃物排放多。另外，长三角各城市之间的人流、物质流、能量流流动量大。在这种情况下，任何一个城市出现的生态环境问题，都将呈现出一种"放大效应"。

综上所述，苏州的生态文明建设必须融入长三角区域之中，与其他城市积极合作。

目前，整个长三角区域生态状况不容乐观。如长三角区域的许多城市地面都出现沉降，长三角已经成为我国一个大的地面沉降区。再如长三角区域的一些生态公共地，环境状况不容乐观，号称"母亲湖"的太湖，流域面积只占全国的0.38%，却承担着占全国10%的工业废水与居民生活污水，不少水面出现富营养化状态，超过了生态极限。这些都对苏州的生态文明城市建设带来了不同程度的负面影响。

第三节　国外的跨行政环境管理

　　为了着眼于生态系统之间的耦合,一些发达国家提出了"环境利益共同体"的概念。"环境利益共同体"是特定生态区域内的一群人,由于共同面临一块大型的生态公共地,或者共同使用同一大型公共生态资源,因此彼此之间的利益是息息相关的,处于这种背景下,合作是最合理的选择。在这种"环境利益共同体"之内,人们一般都采用流域管理的方式,尽管各国有所差别,但流域管理的方式仍具有一些共同点:其一,管理适应生态规律。流域管理是以整个流域作为一个管理单位整体,行政管理的范围与生态单位范围相叠合,这样便于开展工作。其二,管理机构级别较高。如澳大利亚的墨累—达令河流域管理设有部级理事会,成员由联邦政府与相关4州管理水、土地以及环境的部长组成,级别较高。其三,管理综合性较强。生态环境问题涉及面广,为更好地保护生态环境,流域管理机构一般综合性较强,全面负责流域水利、环境、开发、土地等方方面面的问题,而且一般下设若干个分支机构,便于开展工作。其四,管理协调性较强。在跨流域管理机构中,相关各行政区政府积极参与,共同商量有关事务,依靠协商解决问题。其五,管理中的公众参与性强。流域管理一般设有公众参与的组织机构,如澳大利亚墨累—达令河流域管理设有专门的社区咨询委员会,美国田纳西河流域管理机构"地区资源管理理事会"中也有民众代表。

　　在一些西方国家,即便没有实行流域管理的地区,很多也在开展分级管理。分级管理是把管理权限分为各种层次,其中按规模有大有小。大到全国政府与地方政府之间的分工。例如美国联邦政府与州政府之间就很多环境保护事宜进行分工,因为如果缺乏这种分工,后果是十分严重的:州作为美国联邦政府系统的组成部分,往往倾向于基于一种主权与州权的概念去考虑州际关系以及州与联邦政府的关系……然而资源管理的很多问题是超越州际界的地域性解决①,其分工是必不可少的。

---

①　迈克尔·麦金尼斯.多中心治道与发展[M].毛寿龙,译.上海:上海三联书店,2000.

第四节　苏州融入长三角生态文明建设的思路

为了更好地推进生态文明建设,苏州应摒弃仅仅"独善其身"的思维,积极融入长三角环境一体化的进程中,与其他兄弟城市联合打造以下机制。

1. 区域环境联合规划机制

从区域资源、能源以及环境承载力合理利用角度出发,长三角区域应联合进行区域环境总体规划。总体规划应从整个区域协调发展的高度,以区域资源、能源利用与环境支持最大化为出发点,按照区域生态安全格局和环境容量的总体要求,整合区域经济社会发展资源。

2. 区域环境协调机制

借鉴澳大利亚墨累—达令河流域管理以及欧洲莱茵河流域管理的相关经验,长三角政府相关部门以及社会组织应联合组成协调机构,共同协商区域生态安全事务。

3. 区域环境应急合作机制

首先,长三角应联合构建地区生态安全的预警机制,建立健全灾害防治预警体系,实现生态突发事件应急处理的信息共享。其次,长三角应联合构建生态安全的预测机制,研究发生生态安全危害的各种可能,做到事先介入、事先准备。再次,长三角应联合构建生态安全的反应机制,当重大生态突发问题发生后,区域各级政府机关、企事业单位、社会组织能在最短时间内做出反应,将造成的影响或损失降至最低。

4. 区域环境市场机制(排污权市场一体化)

在长三角区域内,实行环境总量控制,使总量恒定,并且控制在生态阈值内。在此基础上区域合理分配排污权,在排污权明晰的情况下,允许各城市、各企业之间进行市场交易。这种方法,不仅可以把二氧化硫、烟尘、废水等环境污染控制在区域生态安全可以承受的范围内,而且可以使企业有更多选择权,不像行政命令那样"一刀切",更符合区域实际情况。另外,使用这种方法,从理论上讲,治污成本最低的厂商必将被激励去进行最大量的治污工作,社会总体成本从而实现最低,可以大大节约资源与能源。

第十五章　苏州生态文明评价指标体系

苏州生态文明建设离不开指标体系,一套科学合理的评价指标体系对于生态文明建设而言,是至关重要的,具有指引作用。《苏州市生态文明建设规划(汇编)》对指标体系进行了详尽的探讨,但是还可以更进一步完善与改进。

第一节　苏州现有的生态文明评价指标体系

为了响应党的十七大提出建设生态文明的目标,为了使苏州社会经济沿着可持续发展的轨道运行,2010 年,苏州委托中国环境科学研究院生态环境研究所编制《苏州市生态文明建设规划(汇编)》,为苏州构建生态文明评价指标体系。

苏州生态文明评价指标体系包含生态经济、生态环境、生态人居、生态文化、生态制度 5 大类,共计 37 个指标,具体见表 15-1。

表 15-1　苏州生态文明评价指标体系

大类	具 体 指 标
生态经济	人均 GDP;服务业增加值占地区生产总值比重;单位 GDP 能耗;单位 GDP 新鲜水耗;耕地保有量;单位工业增加值用水量(农业灌溉水有效利用系数);碳排放强度;科技进步贡献率;高新技术产业产值占规模以上工业产值比重;主要农产品中有机、绿色及无公害产品种植面积的比重;应实施清洁生产审核企业的审核比例;城乡居民收入增长比;居民人均收入增长率与 GDP 增长率比值
生态环境	环境质量状况(地表水监测断面不劣于Ⅲ类比例、城市空气质量达到或优于二级标准的天数比例、声环境质量);自然湿地保护率;生活污水处理率;农业面源污染防治率;生态用地比例;生物多样性受保护程度;主要污染物排放总量(化学需氧量 COD、二氧化硫 SO_2、氨氮 $NH_3 - N$、氮氧化物 NOx)

大类	具体指标
生态人居	人均期望寿命;千人拥有执业医生数;公众对居住环境的满意度;新建节能民用建筑比例;绿色出行率;林木覆盖率;城市人均公园绿地面积
生态文化	生态文明知识普及率;生态环境教育课时比例;党政干部参加生态文明培训比例;规模以上企业开展环保公益活动的比例;公众节能、节水的比例（节能电器普及率、节水器具普及率）
生态制度	生态文明建设投入占财政收入比例;政府采购环境标志产品所占比例;生态文明建设工作占党政实绩考核的比例;环境影响评价率及环保竣工验收通过率;应公开环境信息的公开率

资料来源:苏州市人民政府,中国环境科学研究院.苏州市生态文明建设规划(2010—2020 年)[Z],2010。

第二节　目前国内城市生态文明评价指标体系构建状况

2013 年 5 月,国家环保部公布了全国性的生态文明评价指标体系,其中包含生态文明试点示范县(含县级市、区)建设指标以及生态文明试点示范市(含地级行政区)建设指标。生态文明试点示范市(含地级行政区)建设指标包括生态经济、生态环境、生态人居、生态制度、生态文化 5 个部分,具体指标见表15-2:

表15-2　生态文明试点示范市(含地级行政区)建设指标

大类	具体指标
生态经济	资源产出增加率、单位工业用地产值、再生资源循环利用率、生态资产保持率、单位工业增加值新鲜水耗、碳排放强度、第三产业占比、产业结构相似度
生态环境	主要污染物排放强度,受保护地占国土面积比例,林草覆盖率,污染土壤修复率,生态恢复治理率,本地物种受保护程度,国控、省控、市控断面水质达标比例,中水回用比例
生态人居	新建绿色建筑比例、生态用地比例、公众对环境质量的满意度
生态制度	生态环保投资占财政收入比例、生态文明建设工作占党政实绩考核的比例、政府采购节能环保产品和环境标志产品所占比例、环境影响评价率及环保竣工验收通过率、环境信息公开率

续表

大类	具 体 指 标
生态文化	党政干部参加生态文明培训比例，生态文明知识普及率，生态环境教育课时比例，规模以上企业开展环保公益活动支出占公益活动总支出的比例，公众节能、节水、公共交通出行的比例（节能电器普及率、节水器具普及率、公共交通出行比例），特色指标

我国一些城市也在积极探索生态文明评价指标体系，比较早且比较典型的城市有：

福建省厦门市环境保护局在《厦门市生态文明指标体系研究》中，将生态文明建设分为 4 大领域：其一，发展生态经济，建设资源节约型社会。其二，强化生态治理，维护生态安全。其三，改善生态环境，增强生态意识，建设环境友好型社会。其四，实行生态善治，建立制度保障体系。4 大领域共包含 30 个指标因子。

贵州省贵阳市在《中共贵阳市委关于建设生态文明城市的决定》中，把生态文明建设评价指标体系分为生态经济、生态环境、民生改善、基础设施、生态文化、廉洁高效 6 个方面，共 33 个指标因子。

浙江省湖州市在《湖州市生态文明建设评价指标体系探索》中，将生态文明评价指标的标准定为：经济发展水平明显提高，生态环境质量明显改善，生态保护体系不断完善等。在此基础上，从生态经济、生态环境、生态保护、生态文化 4 个方面设置指标，并探讨相应的评价测算方法，从而构建生态文明评价指标体系的雏形。

浙江省丽水市也制定了生态文明评价指标体系，并运用于相关考核之中。整个考核指标体系总分为 100 分，其中生态环保考核指标就占 50 分，主要包括：城市污水集中处理率、污水集中处理行政村比例、城市工业固废物综合利用率、城镇生活垃圾无害化处理率、生活垃圾无害化处理行政村率、单位 GDP 能耗、COD 排放总量。其他生态支持体系指标占 50 分。

以上列举的是较早探索生态文明评价指标体系的城市。目前我国建立生态文明评价指标体系的城市很多，在此不一一列举。

第三节　现有城市生态文明评价指标体系的评述

城市生态文明评价指标体系应以生态文明内涵为基础而制定，体现出生态文明的内涵。我国目前已有的城市生态文明评价指标体系的科学性值得商榷。

1. 指标选择或宽或窄

相对于工业文明而言，生态文明意味着从经济到社会再到文化的一种全方位变革，评价指标必须具有综合性。目前有些评价体系指标范围过小，难以从根本上把握生态文明建设的内涵；另一方面，综合性也并不一定意味着"堆积"，也不能把什么指标都放入"生态文明"这个篮子中，应把最相关的指标纳入该指标体系，相关性较低的指标则予以剔除，可是目前有些评价指标体系范围过大，某种程度上类似于"现代化评价指标体系"，而不是"生态文明评价指标体系"，这样一来，该指标体系的实际评价效果也就大打折扣。必须指出的是，城市生态文明有着自身独特的内涵，其评价指标体系也应有自身的边界与范畴，要与现代化评价指标体系、可持续发展评价指标体系，甚至与生态城市评价指标体系，有着合理而明确的区分。

2. 缺乏一些关键性子系统

例如缺乏生态社区子系统。生态社区是生态文明中的重要环节与"细胞工程"，生态社区建设得好坏，一方面关乎如何在生活领域保护环境与节约资源，与生产领域保护环境与节约资源具有同样的意义；另一方面关乎人的环境素质能否得到提高，同样意义重大。各地应把生态社区列入评价指标体系大类之中，而在生态社区大类之下设若干具体指标因子。

3. 对全民参与环保事业激励不足

生态环境保护事业是一项全民事业，不能仅仅依赖政府管理，还离不开公众参与(社区参与、社会组织参与以及志愿者参与等)。正如前文所讲，苏州社会经济可持续发展与生态文明建设离不开公众参与，在垃圾分类处理、环境教育、环境监督诸多领域，公众参与都能发挥重要作用，尤其是社区参与的作用更大。但必须看到，目前苏州社会力量参与环保事业动力尚显不足。为了调动公众参与，评价指标体系必须体现出一定的激励性与引导性。但是现有的评价指标体系基本上只注重政府作用的发挥，这样的评价指标体系难以调动全民力量建设生态文明。

第四节　苏州生态文明评价指标体系应体现的原则

1. 全面性原则

城市生态文明的建设是一个系统工程,是以城市社会经济系统与资源环境系统耦合为目标,而为实现这个目标,需要经济、社会、文化以及人的素质等环节的支撑与配合,因此城市生态文明评价指标体系必须具有全面性,指标选择应具有系统性与综合性特点。

2. 相关性原则

城市生态文明评价指标体系尽管具有全面性原则,但不应当是"大杂烩",不应把什么指标都列入城市生态文明评价指标之中。城市生态文明有自身特有的内涵,因此城市生态文明评价指标体系应与现代化评价指标体系、可持续发展评价指标体系有所区别。我们要按照内涵相关性原则构建城市生态文明评价指标体系,把最直接相关的指标纳入体系中。

3. 特色性原则

由于我国各个城市在历史、资源禀赋、人文、发展阶段等方面不尽相同,城市生态文明建设不仅要体现共性特征,也要彰显个性特征。因此城市生态文明评价指标体系也要体现各个城市的特色。苏州是一个特色鲜明的城市,比如它是一个历史文化名城,同时也是一个典型的水乡,因此城市生态文明评价指标体系应尽量体现这些特色。

4. 可操作性原则

苏州在生态文明评价指标体系的建立过程中,还应注意指标因子的选择必须具备可操作性即可达性,也就是说,尽量运用统计局可以统计的指标,对于一些统计局没有的指标,可以运用科学方法测算出来。如类似公众对环保的满意程度这样的指标,通过抽样问卷调查的方法可以测算出来。否则指标再好,也只是空中楼阁,不能具体运用。

5. 实用性原则

评价指标体系的建立,不仅要体现理论价值,更要体现实践价值,能够应用到实际当中。要把评价指标体系运用到评估、比较、决策参考等环节,为促进苏州社会经济可持续发展发挥应有的作用。

6. 动态性原则

随着社会经济发展出现的一些变化,苏州生态文明建设也会出现一些变化产生一些新问题,因此评价指标体系应体现动态性特征,随着苏州市社会经济发展可以补充一些新指标,也可以剔除一些过时的指标。建议每隔一个阶段(如 3 年)微调一些指标。

第五节　进一步完善苏州生态文明评价指标体系内容的构想

苏州生态文明评价指标体系的制定不仅是一个技术工程,更是一个社会工程。初步设想如下:评价体系应包含生态经济体系、生态安全体系、环境质量体系、环境设施体系、生态保障体系、生态社区体系、生态社会与文化体系 7 大体系。可以利用统计数据,结合调研所得的第一手材料,勾勒出评价体系框架,建立候选指标库;接着适当通过专家调查法(德尔菲法)与名义群体法等各种方法,加上专家组的集体分析,反复合理筛选相关指标;最后对指标进行标准化与加权处理,以求具备科学性与可操作性。

1. 生态经济体系

生态经济体系应以提高能源利用率以及循环使用资源为导向,初步包括人均 GDP、单位 GDP 能耗、单位 GDP 水耗、清洁能源使用率、工业用水重复利用率、工业固体废物综合利用率、环保产业占国民生产总值的比例、单位面积化肥量、单位面积农药量、三产比例等指标。

2. 生态安全体系

生态安全体系应以人对生态系统的适应阈值以及环境资源自身的承载力为导向,初步包括人均淡水量、人均耕地面积、危险废弃物产生量等指标。

3. 环境质量体系

环境质量体系应以人们的舒适与健康为导向,初步包括区域环境噪声平均值、空气质量良好以上天数、水(环境)功能区水质达标率、绿化覆盖率、人均绿化面积、水环境主要污染物排放强度、无公害农产品与绿色食品以及有机食品认证比例、餐饮垃圾处理率、食品卫生合格率等指标。

4. 环境设施体系

环境设施体系应以环境设施完善作为导向,初步包括城市生活污水集中处理率、垃圾无害化处理率、每万人公交车数量等指标。

5．生态保障体系

生态保障体系应以围绕为生态文明建设提供资金、制度、法律法规、组织等方面支持为导向，初步包含投入环保的资金、环保投资与 GDP 的比重、公众对环境保护的满意率、环境指标纳入党政领导干部政绩考核、特大环境污染和生态破坏事件发生次数等指标。

6．生态社区体系

生态社区体系应以打造良好的社区环境、节约能源与资源以及培养具有良好环境意识的居民为导向，初步包括雨水与中水回收、绿地达标、环境宣传与教育、环境公益活动、区容卫生、社区环境公众参与、可再生能源使用情况等指标。

7．生态社会与生态文化体系

生态社会与生态文化体系应以社会与文化对生态文明的支撑为导向，初步包括居民人均可支配收入、恩格尔系数、基尼系数、人均住房面积、环境社会组织状况、环境志愿者状况、生态环境知识普及率、人口自然增长率、人均受教育水平、人均寿命等指标。

需要说明的是，一些"软性"指标因子，例如环境社会组织状况、环境志愿者状况、环境宣传与教育、环境公益活动、区容卫生、环境公众参与等，比较难以量化，需要以科学的方法使这些"软性"指标因子标准化，并具有可操作性。当然这是一个不断完善的过程，需要从理论到实践以及实践到理论的多次反复。

第六节　苏州生态文明评价指标体系的应用

一套完善的苏州生态文明评价指标体系，可以应用于以下几个方面：

其一，作为苏州市社会经济发展的一种参考。我们可以应用评价指标体系，检验苏州每年生态文明建设的效果，并进行纵向比较，同时将分析结果反馈给相关部门，为社会经济发展提供参考。

其二，作为各区、市（县级市）评估使用。各区、市（县级市）的生态文明建设是苏州生态文明建设的有机组成部分，指标体系可以用来考核各区、市（县级市），从而推动它们的生态文明建设。通过合理考核，起到两方面作用：一方面，对评估最优秀者进行奖励，体现先进性原则；另一方面，由于各区、市（县级市）建设生态文明原有基础各不相同，对那些自身进步幅度最大的也予以奖励，体现进步性原则。这样指标体系评估可以兼顾各种类型的区、市（县级市），充分调动其积极性。

其三,作为江苏省生态文明评价指标体系的参考。目前,江苏省还缺乏系统性的生态文明评价指标体系。苏州的评价指标体系可以交给江苏省,作为未来江苏省制定城市生态文明评价指标体系的参考。

后 记

　　党的十七大报告首次提出生态文明建设,这是在总结人类文明发展以及我国生态环境保护历程的基础上所提出的伟大战略,对我国社会经济的可持续发展将产生深远的影响。

　　目前我国关于生态文明的研究正如火如荼地展开,并取得了丰硕的成果。苏州是我国经济发展最有活力的城市,在生态文明建设领域取得较大的成就,当然在建设过程中也面临不少困难并存在一定的问题,对苏州生态文明进行系统研究,对于推动苏州生态文明建设实践将有一定的参考价值。正是基于这一初衷,笔者希望对苏州生态文明进行系统研究。

　　生态文明建设包含领域较广,如生态社区、环保社会组织、产业结构、循环经济等。由于精力所限,笔者的研究还可以深入,有待今后进一步完善。

　　著作的完成,感谢苏州大学中国特色城镇化研究中心的支持,同时也要感谢笔者的学生杨婷婷、张芯子琪,他们为本著作提供了不少资料。